# 蜘蛛
# Spider

林业杰 编著
余 锟

海峡出版发行集团
THE STRAITS PUBLISHING & DISTRIBUTING GROUP
海峡书局

图书在版编目 (CIP) 数据

知蛛 / 林业杰，余锟编著 . — 福州：海峡书局 , 2020.12
ISBN 978-7-5567-0785-0
Ⅰ . ①知… Ⅱ . ①林… ②余… Ⅲ . ①蜘蛛目 – 普及读物 Ⅳ . ① Q959.226-49
中国版本图书馆 CIP 数据核字 (2020) 第 255245 号

策 划 人：曲利明 李长青
编 著：林业杰 余 锟
责任编辑：廖飞琴 杨思敏 俞晓佳 陈 婧 卢佳颖 陈洁蕾
摄 影：万国侯 山 山 马泽豪 王吉申 王苇航 曲利明 汤 亮 张 旭 金 池 杨 垚 何 枫 余 锟 陆千乐 陈久桐 林业杰 鸣虫子 姜统尧 袁 稷 高 凡 康骏涛 董志巍
装帧设计：林晓莉 李 晔 董玲芝 黄舒堉
封面设计：林晓莉
插图绘制：李 晔 引 子

ZHĪZHŪ
知蛛

出版发行：海峡书局
地 址：福州市台江区白马中路 15 号 2 层
印 刷：雅昌文化（集团）有限公司
开 本：889 毫米 ×1194 毫米 1/32
印 张：6. 5
版 次：2020 年 12 月第 1 版
印 次：2020 年 12 月第 1 次印刷
书 号：ISBN 978-7-5567-0785-0
定 价：98. 00 元

# 序言

谈到蜘蛛，很多人都会“谈蛛色变”，可能是因为蜘蛛给人的第一印象就是有毒和长相恐怖，再加之一些关于蜘蛛伤人的新闻报道和有关蜘蛛的恐怖科幻片，让蜘蛛被冠以邪恶的化身。蜘蛛真的有那么恐怖吗？好在科幻电影《蜘蛛侠》系列电影和《小蜘蛛卢卡斯》动画片的推出，让人们对于蜘蛛有了全新认识，不仅使人们产生了想成为蜘蛛侠一样的正义英雄的幻想，而且还让人们看到了蜘蛛可爱的一面。那么，如果人类不小心被蜘蛛咬了之后，是否会真的可以变成蜘蛛侠了？

我们经常可以看到在我们的生活环境周围有很多蜘蛛可以织网用于捕食蚊子、苍蝇、蝴蝶、蛾子等小昆虫，所以多数人可能会认为蜘蛛都是肉食性动物。那么，会有“吃素”的蜘蛛吗？

我刚上大学时，在学习有关昆虫学课程之前，我一直认为蜘蛛属于昆虫，想必很多人也跟我以前的想法一样，那么蜘蛛属于昆虫吗？

我们都知道如果壁虎的尾巴断掉之后，过一段时间就会长出新的尾巴，而且在生物界中其实还有很多生物在失去一部分器官之后，仍可以长出新的器官，那么如果蜘蛛的足断掉之后可以长出新的足吗？

《黑猫警长》动画片是我们很多人童年的美好回忆，其中有一个场景是一对螳螂新婚夫妇在结婚当晚洞房之后，雌螳螂就把雄螳螂吃了，那么蜘蛛是否也会有类似的行为发生了？

虽然已有许多关于蜘蛛的书籍出版，此书与其他书籍相比，总体内容不算多，但正所谓“麻雀虽小五脏俱全”，此书也有着自己的亮点，以往出版的书籍大多还是适用于专业人士使用，而此书更适合于让大众了解蜘蛛的整体情况，个人认为亮点一是以往的书籍很少介绍有关蜘蛛的文化知识，而此书较为系统地介绍了中外关于蜘蛛的文化知识，既能够宣传中外优秀文化从而促进中外文化的交流，又能让大众对蜘蛛的形象有更充分认识，以消除大众对于蜘蛛的恐惧心理；亮点二是作者结合自身的经历从如何观察、饲养、拍摄蜘蛛等方面系统性地介绍了如何从一位蜘蛛小白逐渐成为蜘蛛爱好者进而成为研究蜘蛛的专家；作者林业杰从小就对昆虫产生了强烈的兴趣，并在小学时举办了个人的昆虫标本展，在接触蜘蛛之后，才将兴趣转移到蜘蛛上，但依旧保持对昆虫的热爱，如今已成为蜘蛛分类研究的专业人士，并且近两年在学术上取得了许多成果；作者余锟虽然在大学期间学的是美术专业，但其从小就对蜘蛛产生了浓厚的兴趣，大学毕业后也如愿地考上了研究生并从事自己热爱的蜘蛛分类研究；我在攻读博士学位之时才开始接触蜘蛛研究，当时在研究蜘蛛的过程中，我也深得二位作者在学术上的大力帮助。如今基础分类学已逐渐没那么热门，但二位作者并不会因为研究环境的变迁而改变自己对于蜘蛛的热爱初心，着实令人钦佩；我相信以二位作者对于蜘蛛的热爱和执着，在未来肯定还会给我们带来更多关于蜘蛛的惊喜之作。

想必多数人对于蜘蛛也会产生以上疑问，我相信此书会给出让大家满意的答案。

黄贵强

2020 年 11 月于六盘水

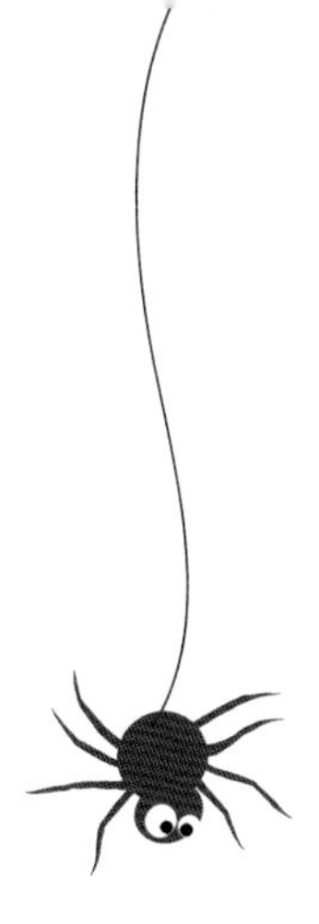

# 目录

丝是蜘蛛生命的经和纬。

——蛛形学家沙维里（Savory）

# 第1章

## 蜘蛛的基本知识

## 一、什么是蜘蛛

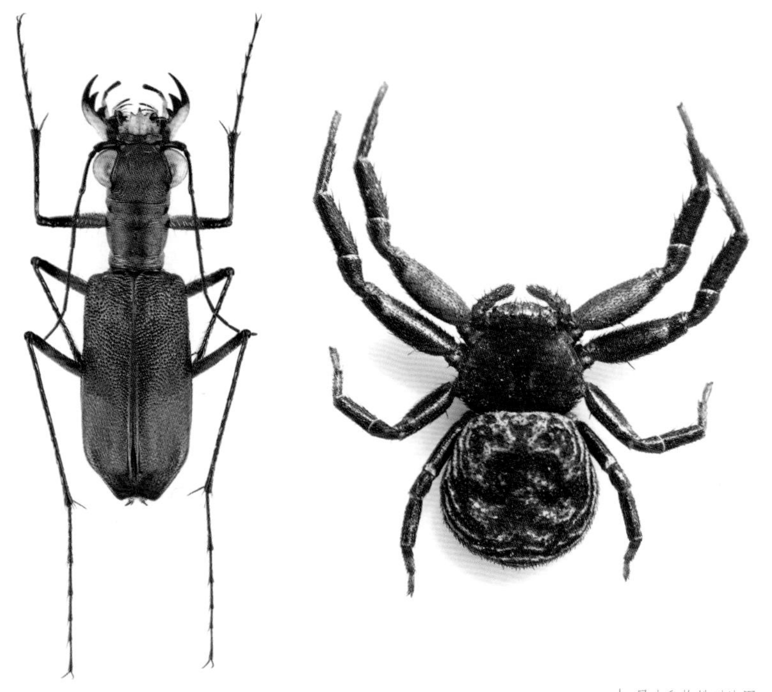

昆虫和蜘蛛对比图

从分类地位上讲，蜘蛛隶属于节肢动物门（Phylum Arthropoda），有螯亚门（Subphylum Chelicerata），蛛形纲（Class Arachnida），蜘蛛目（Order Araneae）。蛛形纲蜘蛛目的简称就是蜘蛛了。蜘蛛，是节肢动物门有螯亚门蛛形纲蜘蛛目一类动物的统称。以蛛形纲动物作为研究对象，研究它们的种群形态结构及其有关的生命活动规律的学科，叫作蛛形学。

早在西周，我国古人便开始对蜘蛛进行描述了，《诗经·东山》记载："伊威在室，蠨蛸在户"，可以说是对蜘蛛最早的描述。关于"蜘蛛"一词的语源《本草纲目》引王安石《字说》曰："'设一面之网，物触而后诛之。'知乎诛义者，故曰蜘蛛。"为"蜘蛛"赋予了道义色彩。但钱绎《方言笺疏》："蜘蛛之言踟蛛也。"成公绥《啸赋》云："逍遥携手，踟蛛步趾。”亦做踟蹰……《文选·鹦鹉赋》李善注引“薛君《章句》云：‘踟蹰，踯躅也’。《易是类谋》云：‘物瑞踶躅’，《三年问》云：‘蹢躅焉，踟蹰焉。’郑注云：‘踶躅，犹踟蹰也，并与踟蛛同。’是蜘蛛以其行动之象名之也。”可见蜘蛛是个联绵词。王安石之说误也，李时珍之误引其说，亦误也。

与昆虫身体分三部分，具有 3 对足不同，蜘蛛身体分为两部分，具有 4 对足，腹部末端具纺器，体型大小不一，由于“面目可憎”为人们所熟识。蜘蛛可以生活在各种环境里。

科学研究表明，从古生代的前泥盆纪蜘蛛就已经生活在陆地上了，并发展出了极高的多样性。世界上迄今最古老的蜘蛛化石产生于 3 亿多年前的石炭纪中期。在一块大约有 1.3 亿年历史的琥珀中，科学家发现了世界上已知保存得最古老的蜘蛛丝。现在，全世界已知约有 48000 种蜘蛛，我国有 5000 多种。

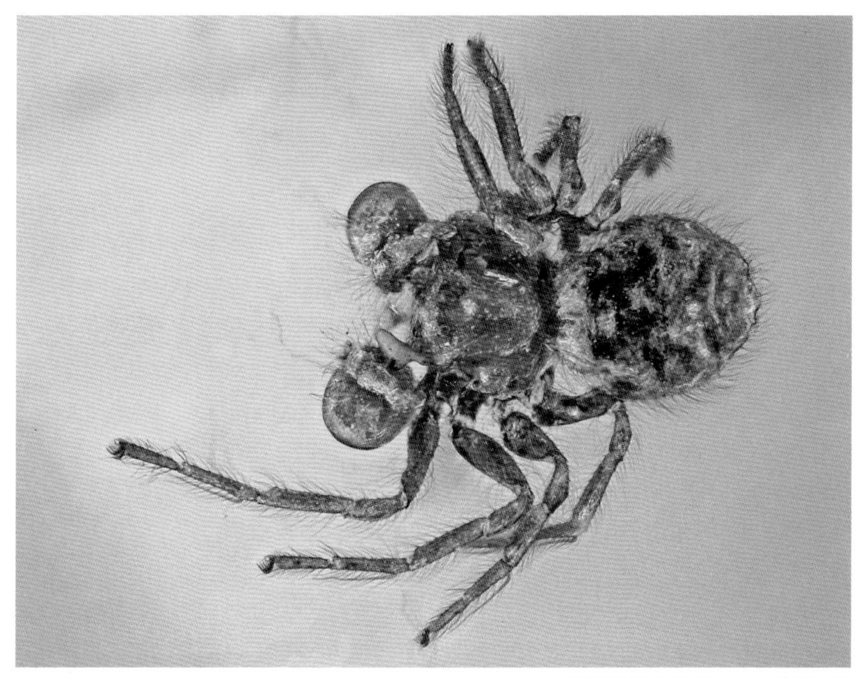

化石络新妇蜘蛛 *Nephila jurassica*（姜统尧 摄）

## 二、蜘蛛的身体结构

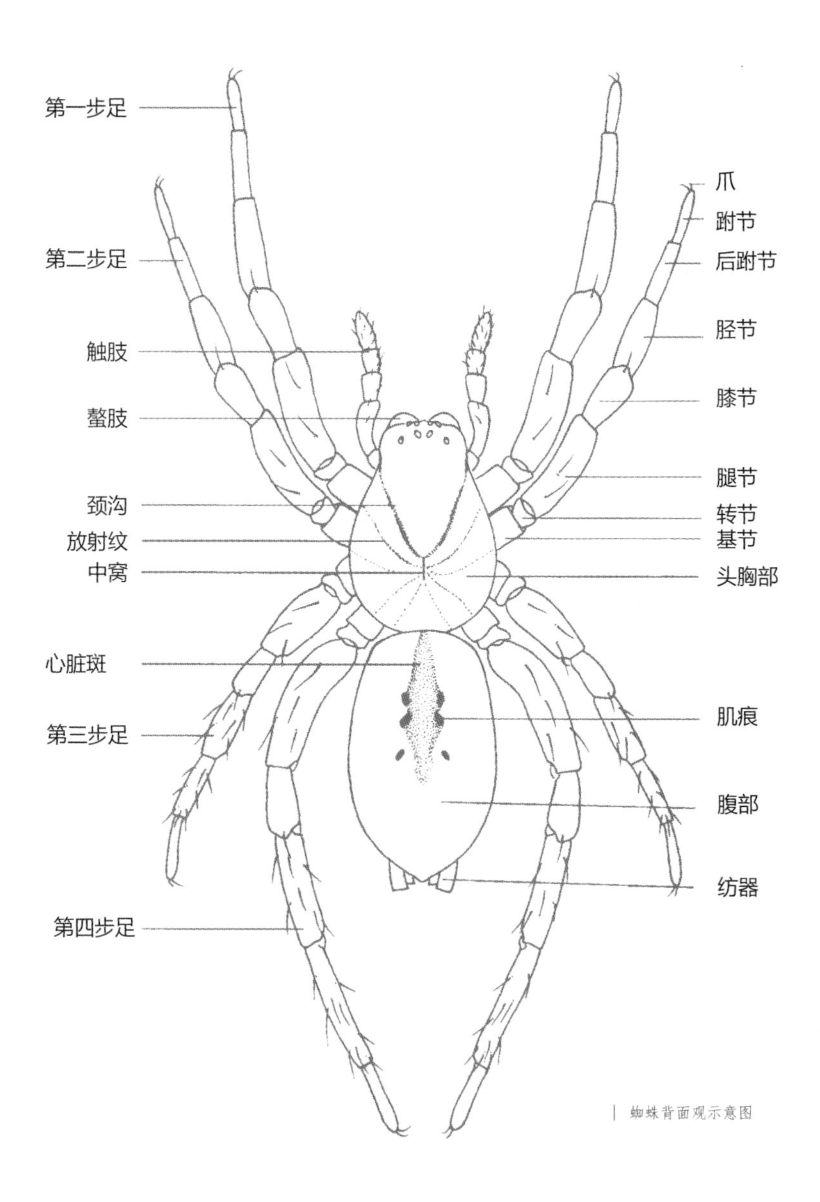


蜘蛛背面观示意图

与昆虫不同，蜘蛛身体分为头胸部和腹部 2 节，中间以腹柄相连。头胸部还可分为头区与胸区。胚胎成长时前 6 个体节形成头胸部，前 2 个形成头区，后 4 个形成胸区，第 7 节形成腹柄，后 11 节是腹部。

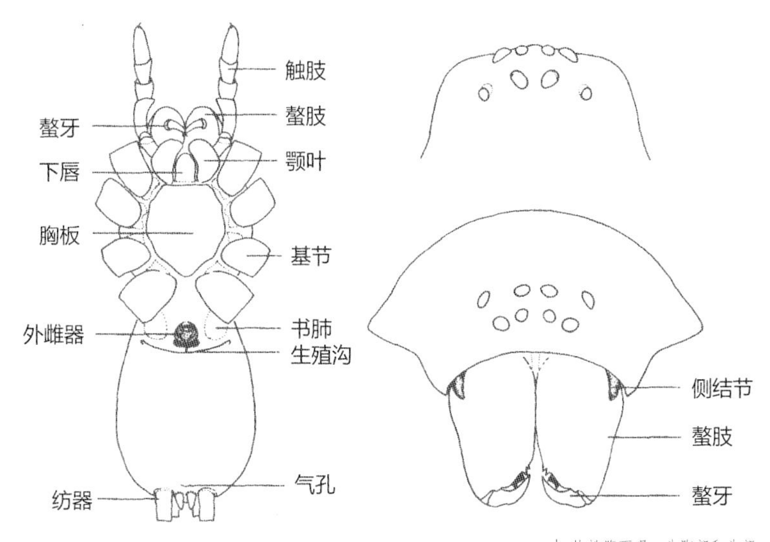


| 蜘蛛腹面观、头胸部和头部

头胸部生有附肢 6 对：1 对螯肢，1 对触肢，4 对步足。头区包含触肢、螯肢与眼。螯肢钳状，绝大多数蜘蛛螯肢内含毒腺，毒腺延伸至胸部。为何说是绝大多数，在下文中会说到。螯肢的微细结构可以作为分类特征。触肢与步足的不同之处在于少 1 节（6 节），在雄性最后一次蜕皮为成体时，触肢变为交配器官。俯视头胸部时，眼睛的排列方式称为眼式，为科级阶元的重要鉴别特征。胸区有 4 对步足，分 7 节，不同关节上的特征是分类依据之一。步足末端的节称为跗节，有 2 爪（游猎型蜘蛛）或 3 爪（结网类蜘蛛）。步足从前至后分别称为第一、第二、第三、第四步足。不同蜘蛛之间的步足伸向也有较大变化：第一、第二步足伸向前方，第三、第四步足伸向后方，其行动轨迹基本呈直线向前，称为前行类；4 对步足皆横向伸展于体的两侧，行动轨迹基本横向，则称为侧行类。

2 爪与 3 爪

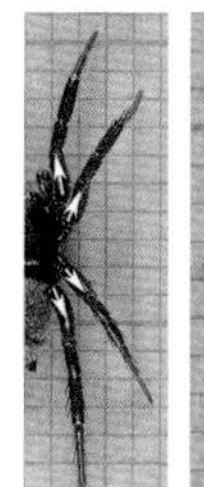
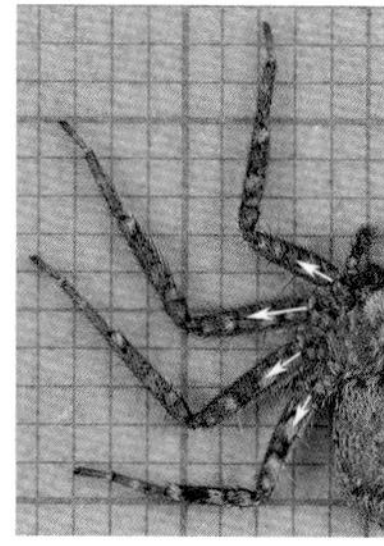

前行与侧行

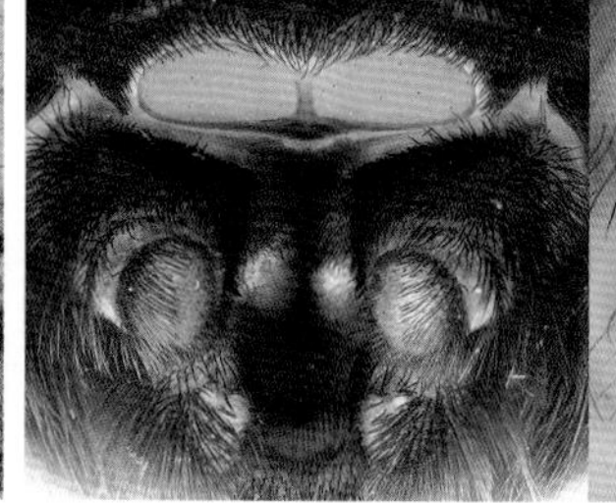
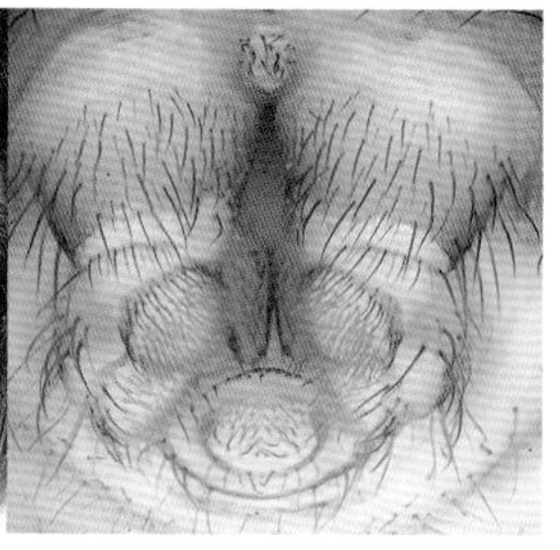

有筛器蜘蛛与无筛器有舌状体蜘蛛

腹部最显眼的就是肌痕与心斑了。心斑就是蜘蛛心脏所在位置，肌痕内壁是体内肌肉的附着点。腹部不同色彩和斑纹构成不同的图案，也是一个分类特征。腹部腹面有书肺与气孔用作呼吸。蜘蛛种类不同，书肺对数与气孔数量也不同。可以以此为特征进行区别。有些种类只有书肺，还有少数种类只有气孔。腹部中段或后端有纺器，呈指状。纺器着生部位与个数、形状排列、分开与否以及退化或发育程度是分类的特征。有些蜘蛛的纺器前端还有第二种织网器官：筛器。筛器的消失被认为是蜘蛛从结网类演变为游猎型所致。当然，筛器的有无、完整或分隔也是分类的重要特征，位于纺器的紧接前端，是一个长而尖的突起，称为舌状体。有些蜘蛛无舌状体，有的仅残留痕迹，而有些球蛛在舌状体的位置上仅有 3 根刺。

蜘蛛最重要的分类特征就是外生殖器了。雄性称为触肢器，雌性称为外雌器。外生殖器存在高度特化的特点，表现着一种锁与匙的关系。有什么样的外雌器就有与之相匹配的触肢器，由于触肢器和外雌器不同种之间差异较大，因此在这里不再赘述。

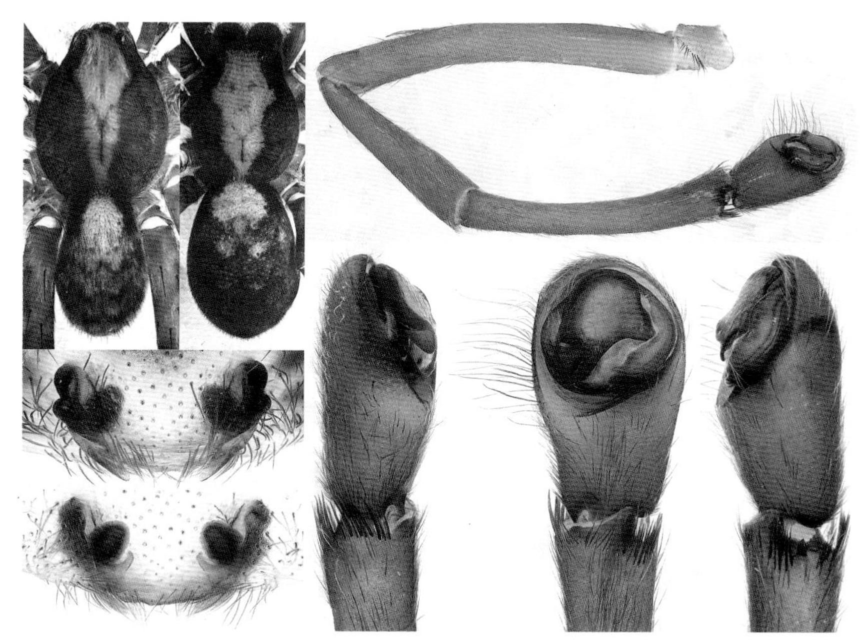

| 蜘蛛身体照片与雌雄生殖器（朱氏华栉蛛 *Sinoctenus zhui*）

许多人认为蜘蛛只能通过感受振动来认知外界环境，实际上不仅如此，蜘蛛的感觉器官大致可分为 4 种：眼、感觉毛、裂隙感受器、化学感受器。眼分为主眼和次生眼。主眼也称昼眼，黑色，次生眼则称为夜眼，因有一层含有结晶的反光层，呈浅色，在野外能拥有更好感知光线的能力。蜘蛛感受振动的器官为触毛，广泛分布于蜘蛛体表，触一毛而动全身，可以引发蜘蛛的逃避或攻击的反应；而分布于步足上数量较少、排列整齐、成行的感觉毛则称为听毛，能感知极微弱的气流和低频率的空气振动，因此又称为远距离感受器。听毛的排列也是鉴定依据之一。裂隙感受器则是蜘蛛接受底物振动、地心引力或蜘蛛本身运动而引起的应力的器官。在成群结构的裂隙器中，单个成员彼此平行，走向一致，好像琴弦，故又称琴型器。至于化学感受器，则分为味毛与跗节器。味毛用来感知化学物质，跗节器用以收集雌蛛性诱集素和探测水源。

## 三、蛛形纲的成员

除蜘蛛外，在中国蛛形纲还有其余8个目。分别是蜱螨目 Acari、须脚目 Palpigradi、蝎目 Scorpiones、伪蝎目 Pseudoscorpiones、盲蛛目 Opiliones、裂盾目 Schizomida、鞭蝎目 Uropygi 和避日目 Solifugae。

### » 1. 蜱螨目 Acari

大多数体节消失，体区简单。体小，由前方的颚体和其后的躯体两部分组成。颚体上着生有口器，似昆虫的头部，因此颚体又称为假头。颚体有 1 对螯肢和 1 对触肢，其基部称为基颚，基颚底的前方腹面为口下板（hypostome），背面顶部为头盖（tectum），口位于螯肢间或螯肢下。蜱螨的躯体为长卵圆形或近球形，实际上是由后 2 个胸节和腹部体节愈合而成的，成体有步足 4 对。

蜱螨类靠气管或体表呼吸。全部卵生。蜱螨的生活类型有肉食性、植食性和寄生性 3 种。自由生活者多数为陆栖，少数在淡水或半咸水体生活。蜱螨目动物在医学和农业上有重要意义。蜱螨目动物分为蜱和螨两大类。

蜱螨目 Acari

### » 2. 须脚目 Palpigradi

身体纤弱，无眼，呈乳白色至黄白色，表皮骨化弱；螯肢分 3 节，多为褐色；前体背板分为 3 部分，即前背片、中背片和后背片；后体部的体节分界明显，末端有一根细长多节的尾鞭。与蛛形纲其他类群相比，须脚目最为独有的特征是触肢步足状，司行走功能，因此得名“须脚目”。此外，其第一对步足特化，着生感觉器官，行走时向前高举。

目前，全世界共发现须脚目 2 科 8 属 109 种，其中包括 2 个化石种。真须脚蝎科包括 5 属，原须脚蝎科包括 2 属。

须脚目动物一般栖息在土壤和腐殖质层，许多种类生境局限于洞穴中，个别种类可生存在海滨环境。

须脚目 Palpigradi（马泽豪 摄）

## » 3. 蝎目 Scorpiones

体分头胸部和腹部。头胸部有中眼 1 对，为简单复眼，侧眼 3 对，系单眼。头胸部有附肢 6 对，螯肢和触肢的末端皆呈钳状，螯肢小，触肢粗壮。第 3 至第 6 对是步足。腹部体节分明，最后 1 节称为尾刺或称尾剑，其尖端为毒腺的开孔。腹部附肢大多退化，仅见残迹。蝎目具有书肺 4 对。

蝎目 Scorpiones（王吉申 摄）

蝎目 Scorpiones

全球蝎目现有 14 科 176 属 1665 种（不包括化石种），其中中国有 5 科 12 属 36 种（亚种）和化石蝎 1 属 1 种。多分布于北方。

蝎目喜干燥，昼伏夜出，捕食昆虫、蜘蛛、盲蛛、鼠妇和多足类等，耐饥，多具自残现象。卵胎生，雌蝎有负子于背的习性。

伪蝎目 Pseudoscorpione（陆千乐 摄）

### » 4. 伪蝎目 Pseudoscorpiones

体型似无后腹部的蝎子。头胸部与腹部间无腹柄。螯肢由 2 节组成，呈钳状。纺器位于螯肢上，其开口位置与蜘蛛的毒腺孔相当。丝腺在头胸部内，所纺的丝用以营巢和编织卵囊。触肢如蝎，呈钳状，有的种类有毒腺开孔。步足的分节与其他各目不同：无膝节，许多种类腿节分为 2 节，爪下有爪垫，能做垂直爬行和行走于光滑面上。腹部体扁平，小型。雌性携卵囊于腹部。

生活在隙缝处，如树皮下、建筑物的木板间以及书页间。有的伪蝎有携播的习性，可附着在双翅目、膜翅目、鞘翅目、半翅目、直翅目等昆虫和盲蛛、鸟类的身体上随之迁移。伪蝎行动迟缓，以螨和小型昆虫、活物或动物尸体为食。据 Strehel 记载，伪蝎最长寿命达 3.5 年。全球已超过 2000 种。我国已记载 7 科 16 属 24 种和 1 亚种。

## » 5. 盲蛛目 Opiliones

盲蛛又名刈割蛛。在收割季节，大量的盲蛛漫步于草丛和树干的上面，因此得名。小型个体，一般体长 5~10 毫米，小的仅 1 毫米，大的可达 20 毫米。头胸部不分节，无腹柄。步足细长，步足长达体长的 30 倍甚至更长。头胸部有眼 1 对，多数着生在柄状突起之上。有臭腺 1 对，为盲蛛目所特有。当盲蛛被激怒时，分泌液汁。步足 7 节，修长而弯曲。盲蛛步足虽长，运动时并不将躯体高举离地，而是躯体接近地面，步足的中部高高耸起。有人认为盲蛛的第二步足上有特殊的感觉器官，也有报道说如果第二步足全部丧失，盲蛛不久则死亡。盲蛛遇敌时也有自切现象。

腹部不超过 9 节。雄体有一个可伸缩的阴腹部，不超过 9 节。雄体有一个可伸缩的阴茎，雌体有一个长大的产卵器，这些器官静止时均分别缩藏于一个囊内。两性的区别在个体的大小、体色及步足长度比例诸方面。一般雄体较雌体小、体色鲜艳、步足与体长比例较大，如有刺状物亦较显著，螯肢和触肢形态上也有两性差别。

幼体多在石下或其他隐蔽处生活，成体一般日伏夜出，生殖季节多聚集在草丛、树干之上，山区还见于住屋墙壁上。捕食小昆虫、螨类或小贝类，或取食刚死的动物，也有的取食植物液汁。全球 3000 多种。

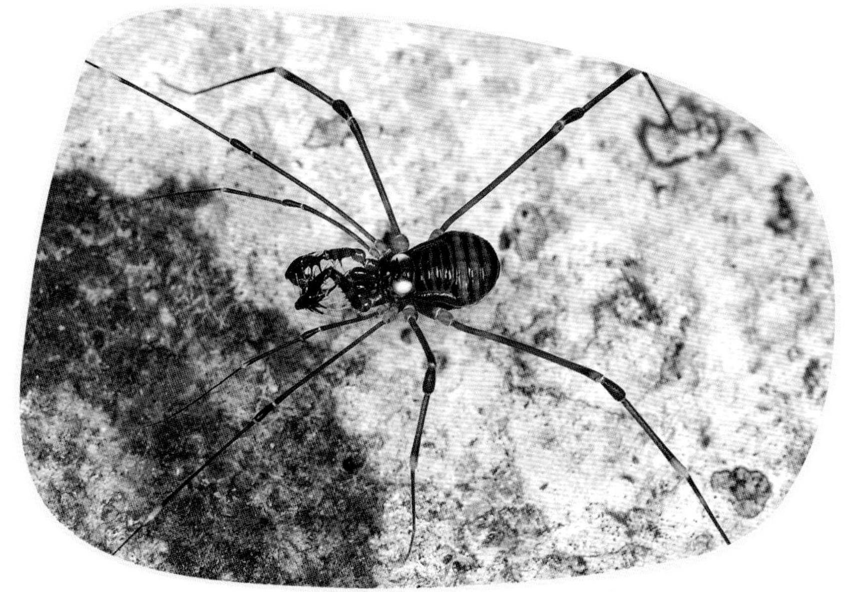

盲蛛目 Opiliones（陈久桐 摄）

## » 6. 裂盾目 Schizomida

裂盾目 Schizomida（高凡 摄）

小型蛛形类，体长5~7毫米。与鞭蝎一样分前体与后体部，所不同者前体分节，尾鞭细短。前方有一块大的骨板，其后有1对小的三角形横板和1对较大的长方形板。裂盾目动物无眼，螯肢钳状，其结构和活动方式如蜘蛛。第一步足亦呈触角状，后3对步足共7节，有爪。尾鞭短，不超过4节，雄体尾鞭呈一卵圆形，或三角形或其他形状与雌体鞭状区别。

夜行性，栖息于石下、倒木下及碎屑中，以蚂蚁和其他昆虫为食。分布于非洲、亚洲及美洲，约170种，仅有1科3属。

鞭蝎目 Uropygi（陆千乐 摄）

## » 7. 鞭蝎目 Uropygi

前体相当于蝎目的头胸部，不分节，背甲上有眼8或12只。胸甲由3个骨片组成，第1个可见，骨片呈三角形，其后2个骨片很小。螯肢似蜘蛛，由2节构成，但无毒腺。触肢粗壮，胫节远端内缘亦有1个明显的突起，而且此胫节突有两性差别，雌体末端尖呈锥状，而雄体末端圆钝呈棒状。鞭蝎

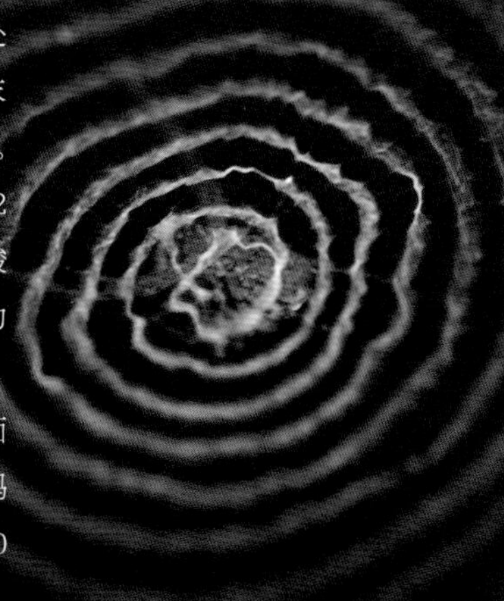

目动物的触肢末端呈钳状，而且整个肢体有两个铗合处则是鞭蝎目独特之处。第一步足前伸作为触觉器官，末端无爪。其余3对步足跗节仅由3小节组成，末端有3爪。

后体的最后3节退化，非常小。肛门开口于第12腹节，该节尚有后体腺1对，分泌含蚁酸及醋酸或醋酸和辛酸的液汁，这种液汁具有恶臭。第12体节之后为尾鞭，由许多节组成，节数可多达30~40节。

大多数为夜行性，白天隐伏于树木的缝隙中、地面各种器物下或地下的土洞中。以蟑螂、蟋蟀、蝗虫、蚂蚁等昆虫为食。交配行为与蝎目相同。全球现已知70余种，大多数分布于亚洲南部及东印度潮湿地带。

### » 8. 避日目 Solifugae

大、中型蛛形类，行动敏捷。无腹柄，无尾状延长，无胸甲，无毒腺和丝腺。螯肢特别粗大。触肢步足状，无爪。第一步足失去行动功能，与触肢同具触觉作用，无爪。其余3对步足具爪，第四步足的转节有2节。避日目第四步足的腹面尚有独特的球拍状器官，可加以识别。

避日蛛昼伏于石下、瓦砾下或在洞中，多分布在干燥地区。有时进入人屋，捕食昆虫，有时还能攻击和捕食小的脊椎动物如蜥蜴等。

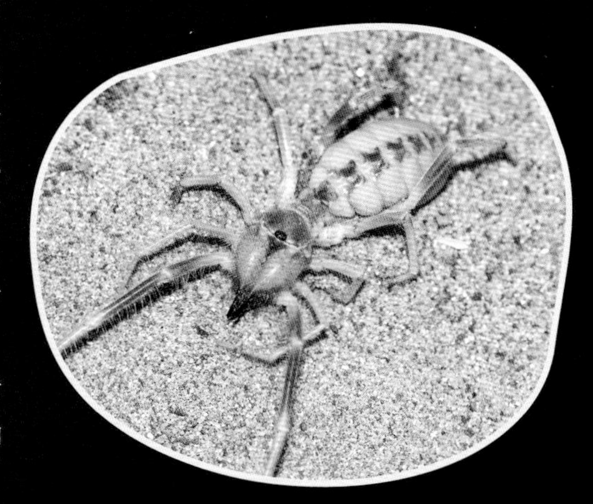

| 避日目 Solifugae 的代表种卡斯盔驼 *Galeodes caspiuscaspius*

避日蛛最早见于石炭纪的地层。全球已超过800种。我国种类多分布在甘肃、新疆、西藏，共8种和2亚种，隶属于2科4属。

## 四、蜘蛛的生态价值和对人类的作用

蜘蛛类大多对人们有益，仅有极少数种类毒性较强，综合来看，蜘蛛对人类而言是利大于弊的。蜘蛛属于消费者，食物大多是昆虫。食量大，不挑食，是很理想的生物防治材料。蛛丝、蛛毒也有各种各样的应用。

蜘蛛的整个生命周期中都能纺丝，蛛形学家沙维里（Savory）有一名句：丝是蜘蛛生命的经和纬。蛛丝贯穿了蜘蛛的一生，它具有的独特理化性质及生物学特性，很高的经济价值应用前景。从材料学看，一般蛛丝比相同直径的钢丝更坚韧。《本草纲目》中就有拟壁钱科蜘蛛的蛛丝止血的记录了，早期的希腊人也会用蛛网止血。蛛丝还曾被用于测量仪器上的准距，同时，蛛丝也在现代军事、医学上有着不同程度的应用。

平常令人谈之色变的蛛毒，更是科学家们的研究重点之一。蛛毒中存在的大量钠离子、钾离子、钙离子通道的抑制剂，目前蛛毒在镇痛药开发、杀虫毒素上有着广阔的应用。

重要的农业益虫，草间钻头蛛（陆千乐 摄）

# 第2章

蜘蛛的生长

## 一、蜘蛛的寿命

只有少数几种蜘蛛被研究过能活多少年。大部分都以若蛛的阶段度过冬天。如果卵囊是在秋末的时候建造，孵化出来的小蜘蛛会留在卵囊中直到隔年春天。

在温带地区生活的大部分蜘蛛只可活 1 年，不过有些可以活 2 年，例如暗蛛属 *Amaurobius*，一些豹蛛属 *Pardosa* 和树跳蛛属 *Yllenus*。有些虾蛛属 *Philodromus*，在较温暖的地区是 1 年的生命周期，但是生活在北方较寒冷的地区则是 2 年的生命周期，在特别寒冷的条件之下，其生命周期甚至可以延长到 4 年。

原蛛类以长寿为人所知，地蛛属 *Atypus* 能够活 7 年，一些大型捕鸟蛛可以活 20 年以上。还有一些简单生殖器类蜘蛛比如说管网蛛属 *Filistata* 蜘蛛能够活 10 年。一般只有雌蛛有较高的平均寿命，大部分的雄蛛在交配之后就死亡。

草皮逍遥蛛 *Philodromus cespitum*

苏门答腊豹蛛 *Pardosa sumatrana*

异囊地蛛 *Atypus heterothecus*

新平焰美蛛 *Phlogiellus xinping*

## 二、蜘蛛的发育过程

蜘蛛的个体发育可以分成3个时期：胚胎期、幼蛛期、若蛛－成蛛期。胚胎期涵盖从卵受精之时一直到典型蜘蛛身体形状形成之间的发育。在随后的幼蛛期，蜘蛛仍然缺乏蜘蛛特有的特征，因此一般视为不完全阶段。幼蛛期的蜘蛛无法自行进食，只能吸收体内的卵黄营养直到进入若蛛－成蛛期。当所有的器官系统都出现了，幼蛛才能够自给自足。

成蛛和若蛛的主要区别在于是否性成熟。由幼蛛到成蛛的所有阶段可以用蜕皮过程来区分。生长只会在蜕皮的时候才发生，因此生长是分阶段进行。

### » 1. 卵

刚生产下来的卵外面会有黏液。卵外面的黏液干枯，呈颗粒外表。卵的内部主要组成是卵黄颗粒和卵黄液。形成蜘蛛的雏形，不同的卵囊结构分化成不同的器胎的再生能力很强，在前期阶段丧失一半的胚胎回来。一些蜘蛛胚胎还耐辐射，有人发现以X射过的蜘蛛胚胎仍然能够正常地发育。

当胚胎发育到一定长度的时候，胚胎的内部会反转至外部来进一步发育。原始的蜘蛛胚胎的发育并没有这种的过程。大部分新蛛的胚胎则都有典型的反转作用，从演化的观点看，这是一种比较先进的发育形式。

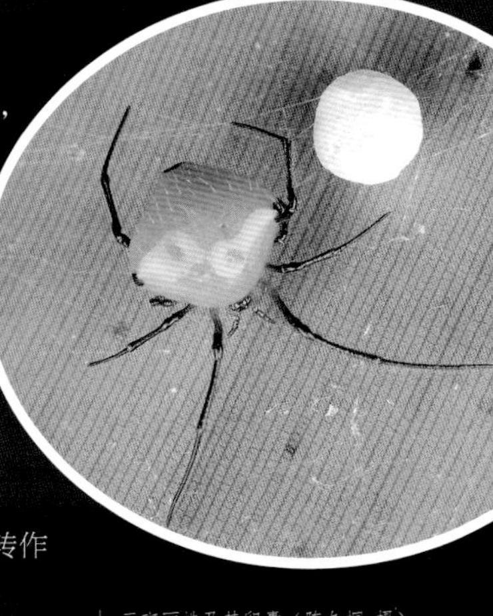

三斑丽蛛及其卵囊（陈久桐 摄）

| 巨蟹蛛及其卵囊（陈久桐 摄）

| 携带卵囊的狼蛛（陈久桐 摄）

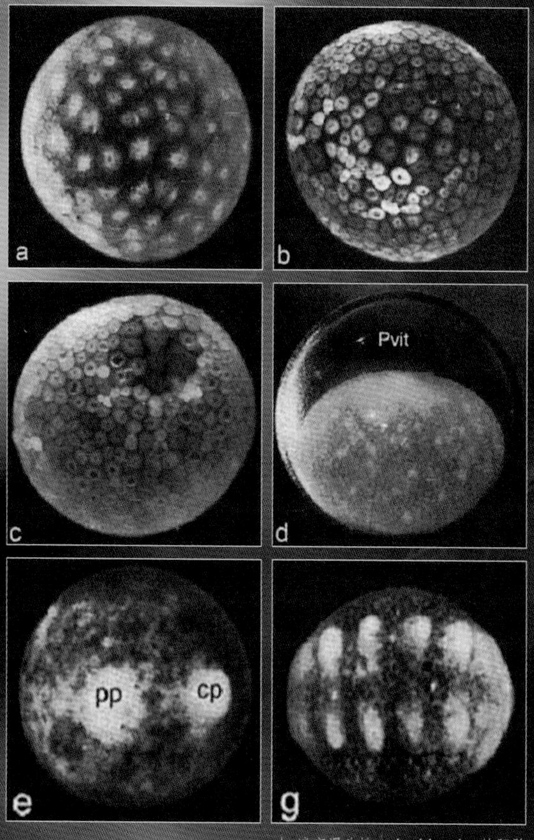


| 迷宫漏斗蛛 *Agelena labyrinthica* 的胚胎

捕鸟蛛从卵到若蛛的发育

### 2. 胚后发育

从孵化至性成熟的成蛛，这一系列变化称胚后发育，是一种渐变态。

当胚胎发育完成后，幼蛛从卵中孵出，因为卵膜有一定的坚硬性，幼蛛利用触肢基部的卵齿撕破卵膜而出。

大多数种类破卵壳而出的个体，称为幼蛛。个体很小，体节已分化为头胸部和腹部，步足 3 对或 4 对，爪简单，毛及刺少，未分化。螯肢可见，这时蜘蛛靠体内残留的卵黄维持发育。

幼蛛阶段末期第一次蜕皮后的个体到性成熟前被称为若蛛。若蛛能自由活动，会主动取食，形体与成蛛相同，体毛和刺逐渐增多，功能逐渐完整。若蛛在生长发育过程中蜕皮数次，多少次则因种而异。

若蛛最后一次蜕皮后的个体，性器官成熟并具功能，这时称为成蛛。在观察雄蛛触肢器结构时，常常遇到已分化完整、角质化程度较弱的若蛛，这种尚未完成最后一次蜕皮的个体，我们常称之为亚成体。

## 3. 生长与蜕皮

蜘蛛的胚后发育阶段要经历多次蜕皮才能成长。

蜘蛛的生长受制于坚硬的外骨骼，只有腹部可以扩张，包在坚硬的外表皮中的头胸部和所有的附肢则不能，因而出现蜕皮现象。以新的、柔弱的、褶皱的新皮代替旧皮。新皮位于旧皮下面，在蜕皮过程中或者蜕皮之后，新皮可以舒展，体积得以有限度地增大，整个身体也相应变化，某些感觉器官也可能增加，或者可能首次出现。幼蛛期的蜘蛛只有少数几根感觉毛，但是蜕皮之后正式进入若蛛期时，感觉毛数目增多，分工也变得明确，眼睛也长出来了。

早期若蛛阶段每隔几天就要蜕皮，老龄若蛛隔几周才蜕皮。一般是个体大的蜕皮次数较多，个体小的次数少，小型蛛约 5 次，中型蛛 6~8 次，大型蛛的蜕皮次数可达 10 次或 10 次以上。一般雄蛛蜕皮次数少于雌蛛，例如络新妇蛛（*Nephila*），雌蛛 11~13 次，雄蛛只有 4~9 次。黑寡妇蜘蛛，雄蛛比雌蛛成熟的时间快 2 倍。2 次蜕皮间隔的时间则取决于温度、湿度和营养条件等因素。对于大部分的蜘蛛而言，成熟后便不再蜕皮，但有少数例外。

在蜕皮前，蜘蛛有些准备活动，有经验的蜘蛛学家通常都能够预测蜘蛛何时会蜕皮。在蜕皮前几天，就会退缩入它的藏匿处而且停止进食。仔细观察还可见到步足变黑，这是因为新产生的毛在老的表皮下方。腹部远离头胸部，从背面观可见腹柄。大部分蜘蛛马上要进行蜕皮过程的迹象就是将自己悬挂在一根蜕皮丝之上。一些大型蜘蛛会仰躺蜕皮，可能只是因为身体比较重。因此生长只有在蜕皮的时候才会发生。蜕皮时除了尺寸的增加之外，身体上某些比例也会改变。有关蜘蛛的 3 次连续蜕皮的过程可以区分为：背甲上举（头胸甲脱离）、腹部蜕皮、附肢抽出。

a | b
c | d

a. 躺下
b. 头胸甲脱离
c. 腹部的蜕皮与附肢的抽出
d. 蜕皮结束

(1) 背甲上举（头胸甲脱离）

蜕皮开始时蜘蛛的血淋巴涌入头胸部，使其增重 80%，而腹部则皱缩，减少 30% 重量。最先的破裂始于头胸部的前面或侧面，然后蜘蛛使用螯肢用力，直到整个头胸甲像一个罐头盖似的脱离开。

(2) 腹部蜕皮

头胸部的侧裂缝向后延伸至腹部侧面，腹部的旧皮皱缩，蜘蛛脱出，腹部肌肉波浪式地收缩将旧皮完全蜕掉。当腹部游离之时，纺器抽 1 根丝粘在旧皮的内面，蜘蛛则下降挂在这种丝上。

(3) 附肢抽出

在腹部蜕掉旧皮的同时，附肢也逐渐外抽，这一过程较复杂。有的个体可能出现意外，不能从旧皮中抽出，甚至因此致命。蜘蛛以一侧作为固定，抽出另外一侧的步足。刚蜕皮的步足，通常以完全伸开的姿态悬吊着，接着迅速弯曲，反复伸屈，以利于新皮变硬和增强关节的灵活性。蜘蛛采取悬挂式蜕皮，可能是由于柔软新皮的步足难以支撑整体重量的缘故。徘徊性不结网的蜘蛛，蜕皮时背面朝下也是这种适应性的体现。

就如昆虫和节肢动物一样，蜘蛛的蜕皮也是受到激素的启动和控制。蜕皮作用开始之前数天，蜘蛛的蜕皮激素开始增加，引发蜕皮。很多实验证明蜕皮激素是蜘蛛间通用的。关于蜕皮激素从何处生产我们所知甚少。有一种广泛分布在头胸部的内分泌组织，称为“头胸腺体”的组织可能和制造蜕皮激素有关。

蜕皮的新园蛛 *Neoscona* sp.（陈久桐 摄）

## » 4. 自切与再生

在生死关头或万不得已的情况之下，大部分的蜘蛛能够截断它们的一只步足，这种行为称为“自切”。只要蜘蛛还能蜕皮，失去的步足就能够再长出来。因此截断的步足的再生只限于若蛛和少数几种在成年之后还会蜕皮的蜘蛛。

### (1) 自切

自切是一种自愿的行为，想让蜘蛛自切它的一只步足很简单，只要在它那只步足的腿节上用镊子拉或压挤一下。已经被麻醉的蜘蛛不能自动截断它们的附肢。

步足的自切通常是在基节和转节之间，极少数的情况是在膝节和胫节之间。通常在几秒钟之内自切就可完成。

在蜕皮的时候自切也可能发生，即当其中一只附肢没办法从旧的皮肤中脱出来时，蜘蛛会抛弃被卡住的附肢。这些被自切的附肢并不会被丢弃，通常由蜘蛛自己吃掉回收。有些蜘蛛受到轻微的挑拨就进行自切（逍遥蛛科 Philodromidae，幽灵蛛科 Pholcidae，拟扁蛛科 Selenopidae），其他的蜘蛛则在万不得已的情况才会自切（跳蛛科 Salticidae，蟹蛛科 Thomisidae，妩蛛科 Uloboridae，捕鸟蛛科 Theraphosidae），少数几种则不管如何都不会自切（肖蛸属 *Tetragnatha*，肖蛸科的 *Metellina* 属）。在自然的条件之下，大部分的蜘蛛一生中会失掉一只或两只步足。在仔细检查野外采集的蜘蛛中，有 5% ~ 20% 的蜘蛛至少有一只步足不见了。虽然丧失步足可能会影响猎捕的效率，但是蜘蛛的能力令人讶异：比如只有 3 只或 4 只步足的圆网蛛仍然能够建造非常规则的蜘蛛网。

断腿的岛红螯蛛 *Cheiracanthium insulanum*

### (2) 再生

当若蛛丧失一只步足的时候，它有可能在下一次蜕皮的时候获得一个新的步足。步足是否再生要根据自切的时间：只有在两次蜕皮间隔时间的前四分之一段的时候截断，才会进行再生。

蜕皮之后，新生的步足外表看起来有一点短，而且比原来的步足细，所有部位都依比例再生，包括爪、刺和感觉器官等。

坦桑尼亚粗腿巴布 *Eucratoscelus pachypus* 的断腿再生

再生步足是否真的完全替代了原来的步足，我们无法确知。在有关捕鸟蛛的步足再生的一次分析实验中，发现新的步足中肌肉纤维的数目比正常的步足少，新的步足常向外伸张，无法正常活动。

蜘蛛再生的潜力无比巨大，如果好几个步足都在蜕皮间隔期的早期自切的话，这些步足在下一次蜕皮的时候都会再生出来。在一次实验中，蜘蛛的 8 只步足全部引致自切，却在同一时间全部再生出来。但这是在人工喂食的蜘蛛上才可能发生。只要还能蜕皮，再生的步足再次自切，还是能够再生。最后一次蜕皮之后，蜘蛛仍然可以进行自切其步足，但自切后就无法再生了。

自切后断肢再生的捕鸟蛛

# 第3章

## 蜘蛛的分类

## 一、国外蜘蛛研究简史

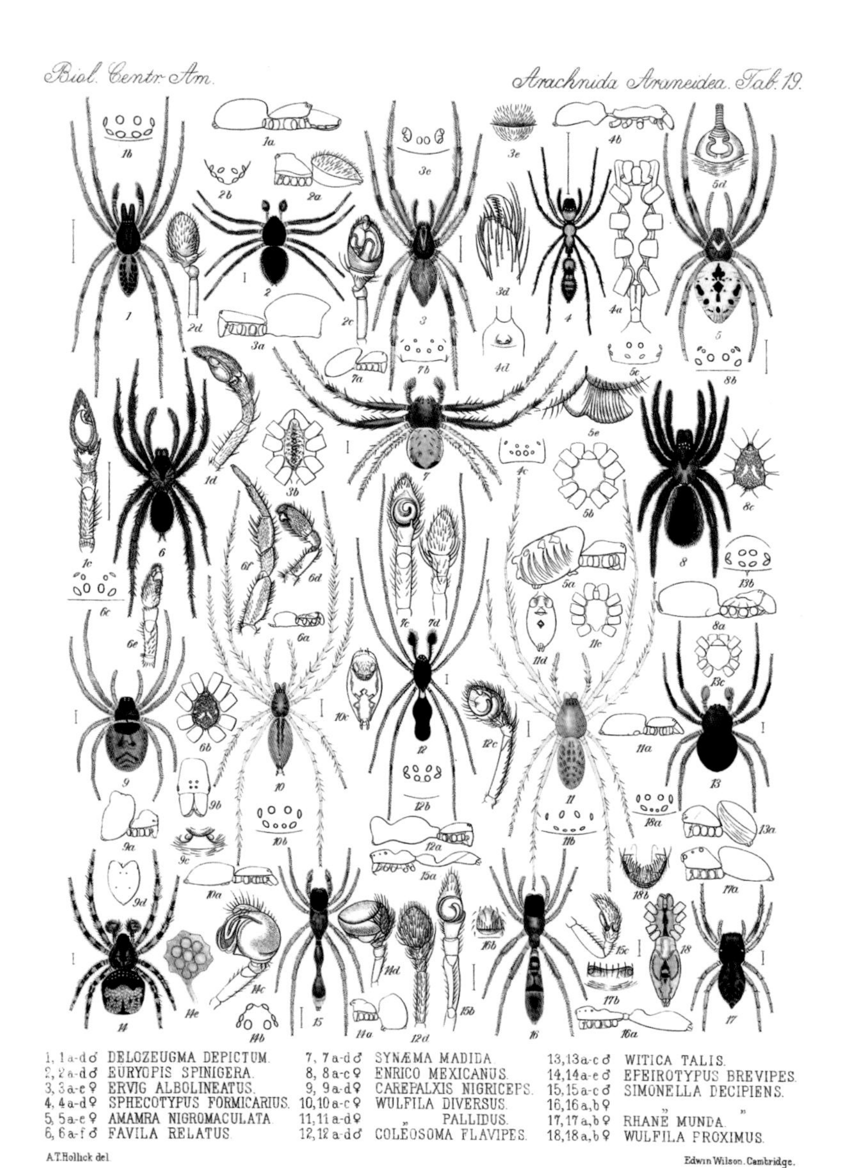


Pickard-Cambridge o. 绘制于 1895 年的蜘蛛插图

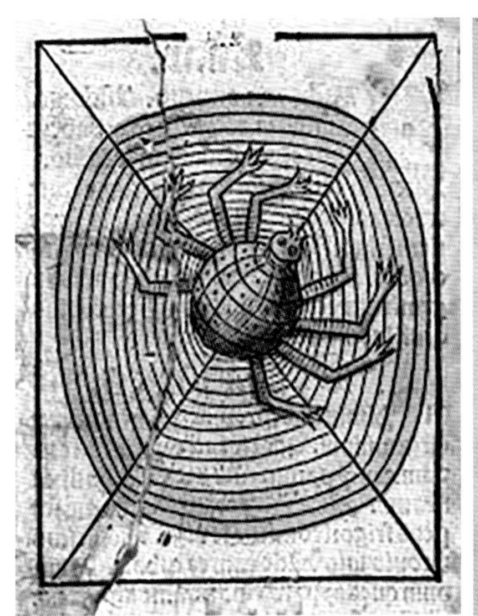

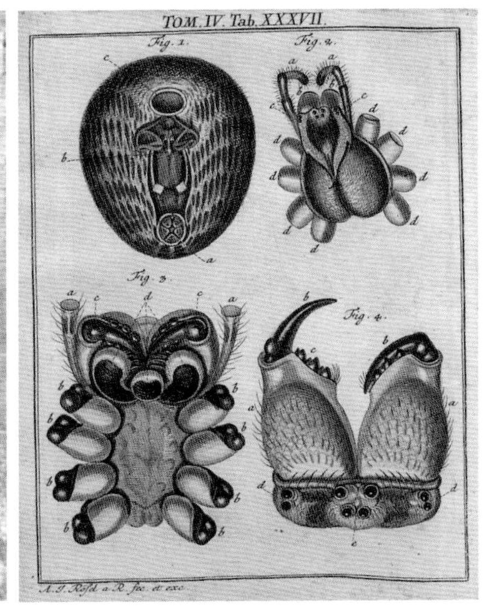


a | b

a. 1491 年的木刻版画 Hortis Sanitatis; Mainz, Germany
b. Rosel von Rosenhof 1761 年所绘的蜘蛛形态解剖图

蜘蛛最早的书面图画记录可以追溯到 14 世纪，由于当时人们对蜘蛛存在恐惧，认识粗糙，因此仅有步足数量和蛛网样式是正确的。1757 年，Clerck C. 所著的《Svenska spindlar》（《瑞典蜘蛛》）出版，这既是第一本蜘蛛分类学专业著作，也是唯一一本在林奈的《自然系统》第十版出版之前承认其命名法的著作。由于蜘蛛标本保存困难，干制标本会使其腹部皱缩，同时大部分蜘蛛颜色灰暗，不似昆虫那样光鲜亮丽抓人眼球，因此基本无人进行相关研究。同时由于科学思想的不完善和器材所限，这一时期的相关研究仅仅是简单描述，偶尔配上插图。

到了维多利亚时代，由于收集昆虫标本的风尚在上流贵族间逐渐流行，许多博物学家受委托到世界各地去采集昆虫标本，蜘蛛分类的关注度也因此增加。这一时期出现了许多著名的蛛形学家，例如 Koch L.、Pickard-Cambridge O.、Thorell T.、Simon E. 等，作为最早一批的蛛形学家，他们为以后的蜘蛛研究奠定了基础，尤其是 Simon E.，他发表了近 600 个新种，出版了不朽著作《Histoire naturelle des araignées》，这本著作中的许多分类单元至今仍然有着重要作用。这一时期的蜘蛛专著中插图生动，描述详细，但由于科学仪器较落后，同时人们对于昆虫分类中多看外观的刻板印象延续到了蜘蛛里，因此这一时期的专著中较少详细提起具有重要意义的生殖器，而是着重于描述蜘蛛外观的结构，配图也逐渐精美。

近代蜘蛛分类学奠基人 Simon E.

随着科学技术的发展，近当代越来越多的人投身到了蜘蛛研究中，20 世纪是蜘蛛新种爆发的世纪，许多经过系统培训的蛛形学家纷纷涌现，他们或专注于某一类群，或进行区域性的广泛调查。同时由于技术的不断完善，电子显微镜和分子信息学技术也用在了分类学中，因此蜘蛛分类也日趋完善。

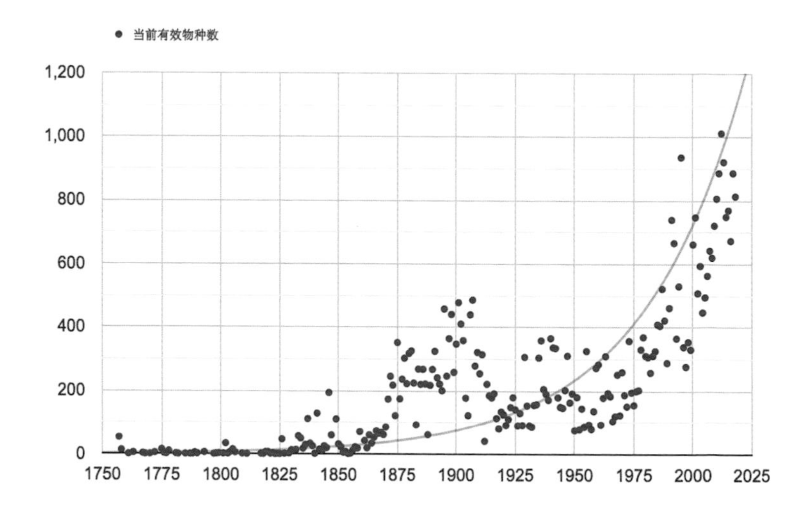


蜘蛛目每年发表新种的趋势图，1900 年起伏较大，反映了维多利亚时期（1837 ～ 1901）蛛形学家大量涌现

## 二、国内蜘蛛研究简史

中国最早记录蜘蛛的专著是李时珍的《本草纲目》。此书对一些蜘蛛既描述了形态，又描述了生态。譬如记载蝇虎（今称跳蛛）：“一种小蛛，专捕食之，谓之蝇虎者是也。”

清末至新中国成立前，对应于欧洲的维多利亚时期，我国内忧外患，科学发展缓慢，外国学者先后通过战争、考察和来华传教士的采集收集了大量中国蜘蛛，分散保存在国外各个自然博物馆中，这给以后国人的分类工作造成了很大的困难。在这个时期，外国学者和少数中国学者做了奠基工作。1868 年，Pryer 描述了几种上海的蜘蛛，发表了第一篇含有中国蜘蛛的文章。1931 年，著名动物学家秉志院士发表了《南京动物志略》一文，涉及蜘蛛目 12 科 33 属，其中绝大多数鉴定到属，少数鉴定到种。这也是中国学者的第一篇包含蜘蛛目的文章。1935 年至 1936 年间，秉志的学生，我国蛛形学家王凤振教授亲自去国外各个博物馆查阅标本和有关文献，编著中国蜘蛛名录，记录了 30 科 130 属 438 种蜘蛛。这是当时国人对于之前研究成果的一个总结，给后人的进一步研究奠定了坚实的基础。

新中国成立后，蛛形学得到了迅速的发展。1952 年，时值朝鲜战争，美国在朝鲜和东北投掷了大量带菌的动植物，其中就有携带炭疽病杆菌和出血性败血症巴氏杆菌的舞蛛属 *Alopecosa* 和豹蛛属 *Pardosa*，这些蜘蛛由王凤振教授进行了鉴定，发现属于外域种类，并以此揭露了侵略者进行细菌战的面目。1963 年，王凤振和朱传典教授修订并发表了中国蜘蛛名录，共记录有 34 科 149 属 522 种 15 亚种。1980 年，中国第一本由吉林医科大学、湖南师范大学和中国科学院动物研究所的专家们合著的蜘蛛专著《农田蜘蛛》出版，1983 年，朱传典进一步修订了中国蜘蛛名录，增加了 12 科 91 属 528 种 8 亚种，总数增加了一倍之多。之后，各省也陆续出版了相应的蜘蛛专著，如《新疆农区蜘蛛》《青藏高原蜘蛛》《河北动物志：蜘蛛类》《台湾之蜘蛛》等。

21 世纪后，中国学者在国际期刊上陆续发表了大量新种，同时各种地方或全国性动物志也陆续出版。2016 年，李枢强和林玉成再次对中国所分布的蜘蛛进行了统计，共计 69 科 736 属 4282 种，与 1963 年相比增加了 7 倍。

## 三、蜘蛛分类

从最容易接触的网入手，在结网类蜘蛛上，不同科的蜘蛛可以利用网来进行分类。而网又可以分为 3 大类：管网、漏斗网和圆网。

管网是最基本的结网方式。许多原始的蜘蛛都会使用深入地下的管网来进行捕猎。有些蜘蛛在管网的开口处甚至会添加一些便于捕食的修饰物。比如说延长的丝线、花边等。而漏斗网则是从管网至圆网过渡的类型。由扩大的捕食区域和管网组成。圆网则是蛛网演化的最终阶段。在这一阶段里，圆网又有着许多种变体，从最典型的竖直圆网，到水平圆网，再是球状网，最极端的情况属于瘤腹蛛属 *Ordgarius*，也是俗称的流星锤蛛。在这类蛛网里，圆网被简化成了一根线，线末端具有黏液球用来粘住飞蛾。

除了利用圆网进行分类，有些时候分类学家们还会依据行为进行分类。有些时候不同蜘蛛之间的交配方式不同，分类学家们可以利用此特点进行分类。比如说，在狼蛛科豹蛛属中，不同种类豹蛛求偶时所跳的舞蹈不同，可以作为分类特征。再或者在球蛛科银斑蛛属中，不同种类的银斑蛛会偏好寄生在不同蛛网上，也可以此来进行分类。

| 金蛛捕食（陈久桐 摄）

| a | b |
|---|---|
| c | |
| d | |

a. 地蛛（陆千乐 摄）
b. 节板蛛（陆千乐 摄）
c. 跳蛛（陆千乐 摄）
d. 妖面蛛（万国侯 摄）

蜘蛛眼式

而利用形态进行分类的过程中，普遍使用最主要的三类特征：眼、步足、纺器来进行大类的划分。

眼是蜘蛛重要的分类特征，其位于蜘蛛的头区前方，均为单眼。绝大多数种类的蜘蛛眼分散排列，少数种的眼相互聚集呈丘状，如节板蛛科（Liphistiidae）和线蛛科（Nemesiidae）。大多数蜘蛛有8眼，少数为0、2、4、6个。蜘蛛的视力很弱，一般只能感知光线的强弱，少数如跳蛛科Salticidae和妖面蛛科Deinopidae可以感知几十厘米距离内的图像。蜘蛛的眼分为夜眼和昼眼。夜眼白色，具有珍珠光泽。昼眼黑色、褐色或黄色，无珍珠光泽。

眼的排列根据种类的不同差异很大，特别是在科级阶元的分类鉴定上十分重要。

关于眼的排列，多数种类8眼分为两列，呈4-4式排列。前面一列称为前眼列，后面一列称为后眼列，每眼列中间的2眼称为中眼，侧边称为侧眼。也有一些特殊种类具有2-4-2、4-2-2等特殊眼式，简单生殖器类蜘蛛大多具6眼，聚集或分散排列。

蜘蛛的步足也是鉴定特征之一。无论是结网类蜘蛛，还是游猎型蜘蛛，都需要用步足进行活动。通常结网类蜘蛛具有 3 爪，中间的爪用于抓握蛛网，而游猎型蜘蛛大多数具 2 爪，同时爪下具有用来吸附在墙壁上的毛丛。除爪以外，步足上的刺也是很重要的鉴定特征。比如说专食其他蜘蛛的拟态蛛，在其步足上交错分布有长短刺，用以控制住其他蜘蛛；蟹蛛科的胫节内侧具刺，用来在捕食中抱握猎物；刺足蛛科和管蛛科的前两对步足腹面具有壮刺，而三四步足却无刺。

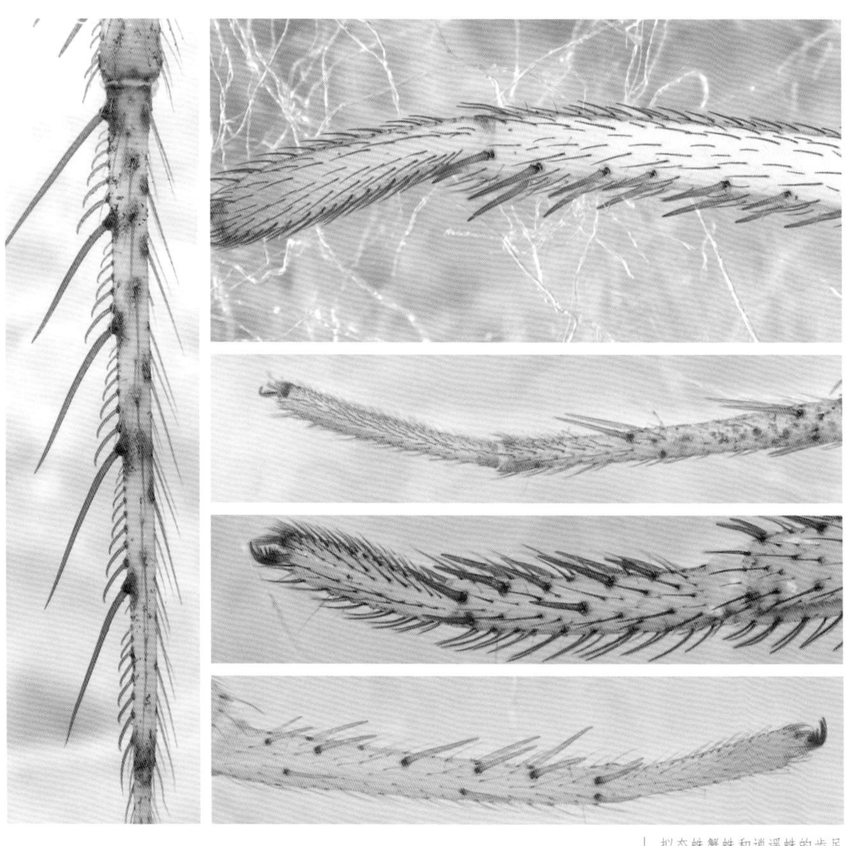

拟态蛛蟹蛛和逍遥蛛的步足

还有一个重要的特征是纺器。吐丝是蜘蛛特有的特征，因此和该特征息息相关的纺器也便是蜘蛛很重要的分类特征。不同蜘蛛根据其栖息状态不同，纺器的样子也会不同。从 8 个纺器到 2 个纺器都有。一般来说，纺器越发达，蜘蛛的结网能力就会越强。纺器也会有各种各样的变形，比如说在褛网蛛等有筛器类蜘蛛身上，前中纺器会演变成具有间隔的筛器。而在一些园蛛身上，前中纺器会退化，形成一种小三角形的舌状体。目前舌状体的功能还未明。还有些蜘蛛（大部分为游猎型蜘蛛），前中纺器会完全退化至没有。

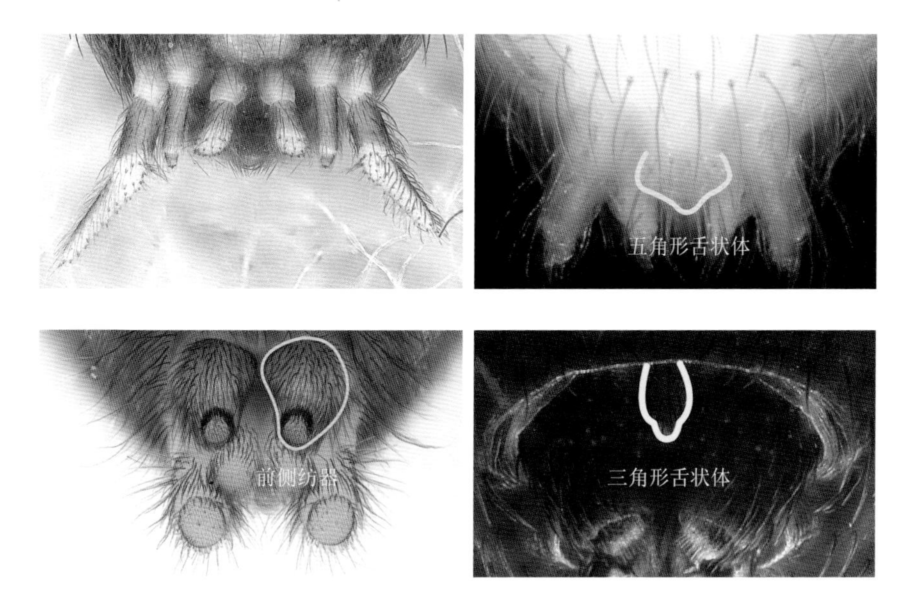


| 纺器及其变形

最后也是最重要的鉴定特征就是利用生殖器进行鉴定。不同于昆虫利用外观分辨种类的方法，蜘蛛在鉴定过程中更需要利用生殖器进行鉴定，因此绘图和拍摄照片在分类鉴定中就更加重要。同时蜘蛛的生殖器和昆虫相比更为复杂，有更多的特征可以对比分类。生殖器的每一部分在分类学上都有独特的叫法，这里就不再赘述了。

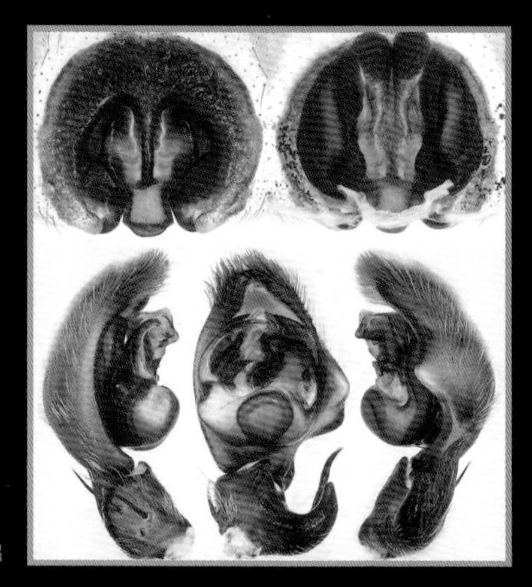

| 蜘蛛的生殖器鉴定照片

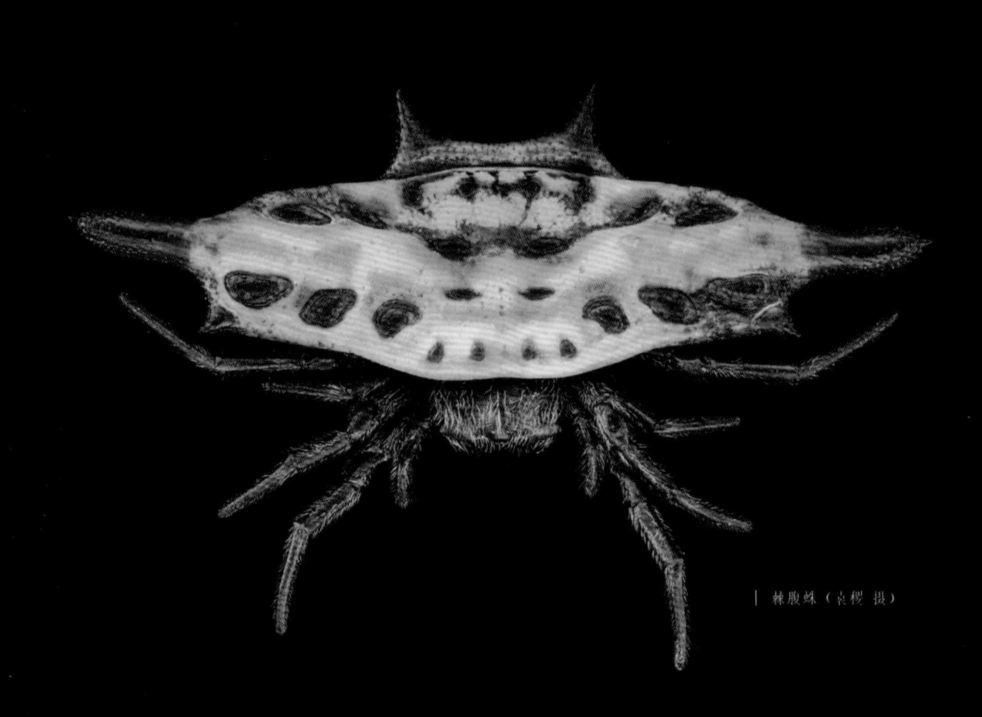

| 棘腹蛛（袁樱 摄）

# 第4章

## 蜘蛛的习性

## 一、蜘蛛的生活方式

尽管蜘蛛的生活环境多种多样，但其生活类型基本上可归属两大类：一类是占据一定的空间位置，过着守株待兔式的生活方式，称为占座型；另一类过着游走捕捉猎物的生活方式，虽然其游猎区域也占有一定的空间，但只是暂时的，并非固定的领域，称为游猎型。

### » 1. 占座型

又可细分为两类，即穴居类和结网类。

| 穴居的捕鸟蛛在其巢穴口（陈久桐 摄）

a ~ b. 盘腹蛛的盖子与蜘蛛
c ~ d. 地蛛的网与本体

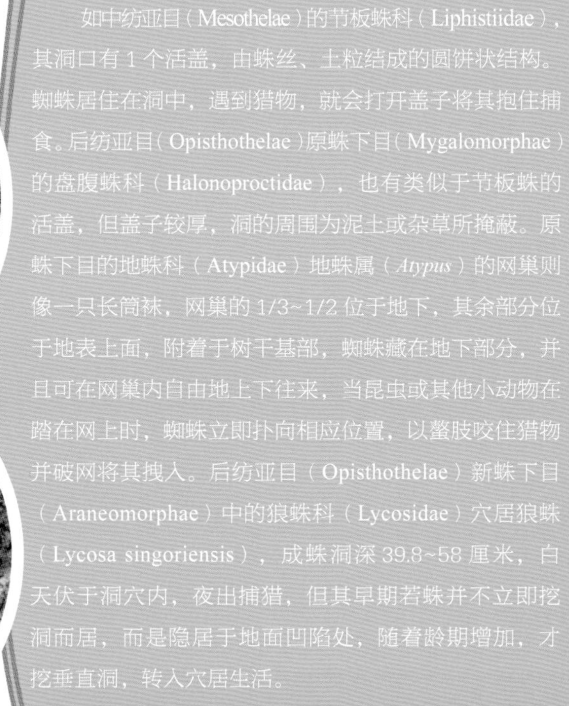

### (1) 穴居类

如中纺亚目（Mesothelae）的节板蛛科（Liphistiidae），其洞口有 1 个活盖，由蛛丝、土粒结成的圆饼状结构。蜘蛛居住在洞中，遇到猎物，就会打开盖子将其抱住捕食。后纺亚目（Opisthothelae）原蛛下目（Mygalomorphae）的盘腹蛛科（Halonoproctidae），也有类似于节板蛛的活盖，但盖子较厚，洞的周围为泥土或杂草所掩蔽。原蛛下目的地蛛科（Atypidae）地蛛属（*Atypus*）的网巢则像一只长筒袜，网巢的 1/3~1/2 位于地下，其余部分位于地表上面，附着于树干基部，蜘蛛藏在地下部分，并且可在网巢内自由地上下往来，当昆虫或其他小动物在踏在网上时，蜘蛛立即扑向相应位置，以螯肢咬住猎物并破网将其拽入。后纺亚目（Opisthothelae）新蛛下目（Araneomorphae）中的狼蛛科（Lycosidae）穴居狼蛛（Lycosa singoriensis），成蛛洞深 39.8~58 厘米，白天伏于洞穴内，夜出捕猎，但其早期若蛛并不立即挖洞而居，而是隐居于地面凹陷处，随着龄期增加，才挖垂直洞，转入穴居生活。

(2) 结网类

少数种类的蜘蛛虽然有纺器且能纺丝，但丧失结网的习性，如球蛛科的银斑蛛属（*Argyrodes*），寄居于其他蜘蛛的网上。拟态蛛科（Mimetidae）的蜘蛛也不结网，袭击其他定居型蜘蛛（皿蛛和球蛛）并猎食之。由于蜘蛛栖息生境不同、生活习性各异等诸多原因，蛛网的种类也各不相同：由原始而又简单的几条放射丝布于洞口至具有三维空间的复杂网型，其形状不一，变化多端。

a. 在褛网蛛蛛网上的银斑蛛 *Argyrodes*
b. 突腹拟态蛛 *Mimetus testaceus*
c. 拟水狼蛛 *Pirata subpiraticus*

## 2. 游猎型

游猎型蜘蛛无固定的居所，游走猎食。常见游猎于树干、枝叶和花冠上者有蟹蛛科、跳蛛科和逍遥蛛科的种类；游猎于灌木、草丛间者有猫蛛科、跳蛛科、蟹蛛科和盗蛛科的种类；游猎于地表面者有狼蛛科、盗蛛科等种类，也有少数平腹蛛属（*Gnaphosa*）、花蟹蛛属（*Xysticus*）、水狼蛛属（*Pirata*）；不少种类靠水的表面张力，可涉猎于水面和短暂潜水，如盗蛛科、狼蛛科的一些种类。

a b
c

a. 栉足蛛科阿纳蛛属
b. 蟹蛛科亚洲长瘤蟹蛛
c. 狼蛛科熊蛛属

## 二、蜘蛛与丝

蜘蛛的整个生命周期都能够生产、纺出和利用蛛丝。从生态学角度而言，蛛丝在蜘蛛的生命活动中具有非常重要的作用，如结网、建穴、筑巢、搭荫蔽所等各种类型的住所。生殖季节，雌蛛造卵囊，雄蛛结精网；捕食时，捕捉、捆缚猎物；运动时，抽出拖丝、下航丝、固着盘等，并可传递信息，根据其功能粗分如下若干类型。

拖丝：当蜘蛛受惊下垂，游猎捕食，飞航飘荡，随时随地都拖着一根丝，这种丝一般都由两根或几根丝组合而成，既是其行动和复位的轨迹，又是其飞航的载体。拖丝又可称为安全丝，结网类蜘蛛的圆网框架也是拖丝组成。

捕带：用以捆缚猎物，使之无法动弹逃遁，如球蛛科用膜带捕捉昆虫。

附着盘：是拖丝、悬丝的起点或终点，呈盘状结构，由许多纤细而卷曲的丝组成。当蜘蛛在一定范围内活动时，以附着盘固定于相对稳定的物体上，作为完成多种行为的支点。

游丝：是极细的拖丝。靠游丝以扩散是蜘蛛的一个重要特性，当蜘蛛幼体腹部后端向上翘，从纺器抽出丝，随着上升的气流蛛丝和蛛体腾空而起，随着气流，蛛丝逐渐拉长，此丝脱离固着物体后，可在空中飘游、飞行，故称游丝或天丝。

黏丝：结圆网的蜘蛛，它的螺旋丝富有黏性和弹性（伸缩性），用以粘住猎物。

支持带：似缎带结构，由 2 根或 2 根以上的纵向丝和有捆缚作用、含黏性横向排列参差不齐的黏丝组成，既有支持功能又可以粘住猎物，在金蛛、艾蛛和有筛器类蜘蛛的丝网中常见。

| 金蛛及其网上的匿带（陈久桐 摄）

## » 1. 蜘蛛的飞航

抽丝飞航可以说是蜘蛛在整个生物圈中的独家本领。每当风和日暖或晴空万里的秋季或蜘蛛繁殖季节，都能见到成团的天丝载着蜘蛛的幼体在空中飘游，空中漂浮的天丝互相搭缠而成丝团，没有翅膀的蜘蛛靠这种行为而分布到世界各地，科学家把这种行为称之为飞航。现已查明不论是占座型还是游猎型的蜘蛛都有这种习性，如园蛛科、皿蛛科、球蛛科等结网类蜘蛛，狼蛛科、盗蛛科、平腹蛛科、管巢蛛科、蟹蛛科和跳蛛科等游猎型蜘蛛都能够抽丝飞航。不少蜘蛛踪迹遍及全球，与这种习性有着必然的关系。

## » 2. 蛛丝的产生

蛛丝是由体内丝腺产生的。蜘蛛的丝腺共有 8 种，不同种类的丝腺不尽相同，各展其能。

壶状腺成对的大型腺体，用以建造网的框架和拖丝。

梨状腺两簇，每簇由近百个梨形腺组成，抽出的蛛丝用以制造固着盘。

葡萄状腺和梨状腺相似，但为 4 簇，其蛛丝用以制造捕带、卵袋外壁、雄蛛精网等。

聚合腺为成对的大型腺体，共 3 对，蛛丝用以制造黏丝及弹性丝上的黏滴。

鞭状腺细长如鞭，多扭曲和盘旋，成对，蛛丝用以搭建不具黏性的螺旋经线，仅见于结圆网的蜘蛛。

管状腺 3 对，长圆筒形，卷曲，蛛丝用以编织卵囊，仅见于雌蛛。

叶状腺 1~2 对，蛛丝用以粘住猎物。

筛器腺仅见于有筛器的蜘蛛，数量很多，很小，通向筛器，其蛛丝用以编织梳状的纬线。

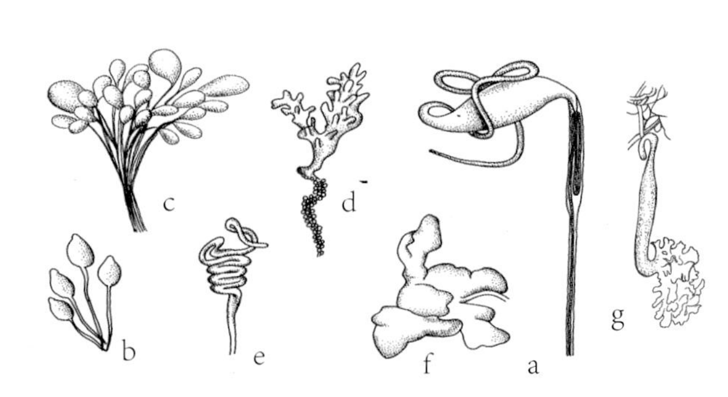


a. 壶状腺 b. 梨状腺 c. 葡萄状腺 d. 聚合腺 e. 鞭状腺 f. 管状腺 g. 叶状腺

## » 3. 蛛丝的形成

曾经有人认为：丝液经过纺器上的纺管抽出，遇到空气凝固成丝。现在实验证明，丝液由丝腺管输入纺器后，经瓣膜而进入纺管。在纺管的内腔中有一个由液态丝转换为固态丝的过程，这个过程大多数靠蜘蛛腹部血淋巴的压力增大将丝液挤压，另一方面也靠蜘蛛的后足从纺管顶端进行了抽拉，这样挤、拉的结果使组成液丝变成了固态丝。

## » 4. 蛛网

蛛网起源于原始的穴居蜘蛛在洞穴内壁用丝编织的丝管，以后丝管出口处向外延伸出领状结构或放射状的绊丝。进而出现漏斗型网，由垂直的带丝管与水平分布的片网组成，或皿状网，网片上下有许多缠结丝支持。圆网在进化到新蛛阶段才出现，起源于有筛器的新蛛类，新蛛中一部分种类后来失去筛器，进化为无筛器蛛。园蛛总科中一些科的种类后来又失去圆网，圆网可能来自一些架在空中的片网，而圆网又可以再演变成其他网，如演化为更复杂精致的网，也可以简化为只有几根丝的三角形网（妩蛛科的扇妩蛛）或只有一根丝，靠丝末端的黏滴捕食（园蛛科的瘤腹蛛），效率更高。

| 大疣蛛的漏斗状网（张旭 摄）

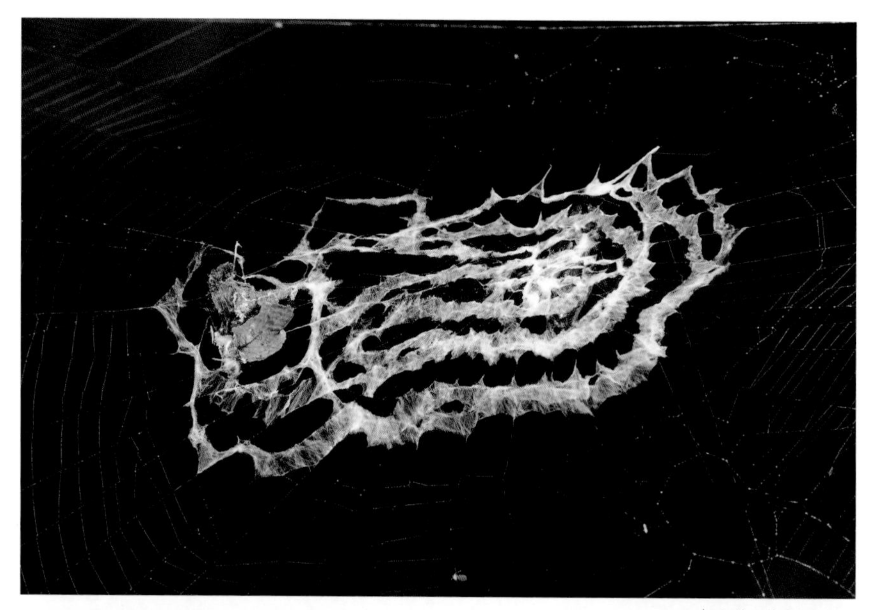

妩蛛及其网上的匿带

暗蛛科胎拉蛛属的筛网

南蛛科希氏蛛属的平面网

| 管网蛛科的有筛器管网

| 裸斑蛛科的爪哇阿瑟蛛的不规则乱网（王吉申 摄）

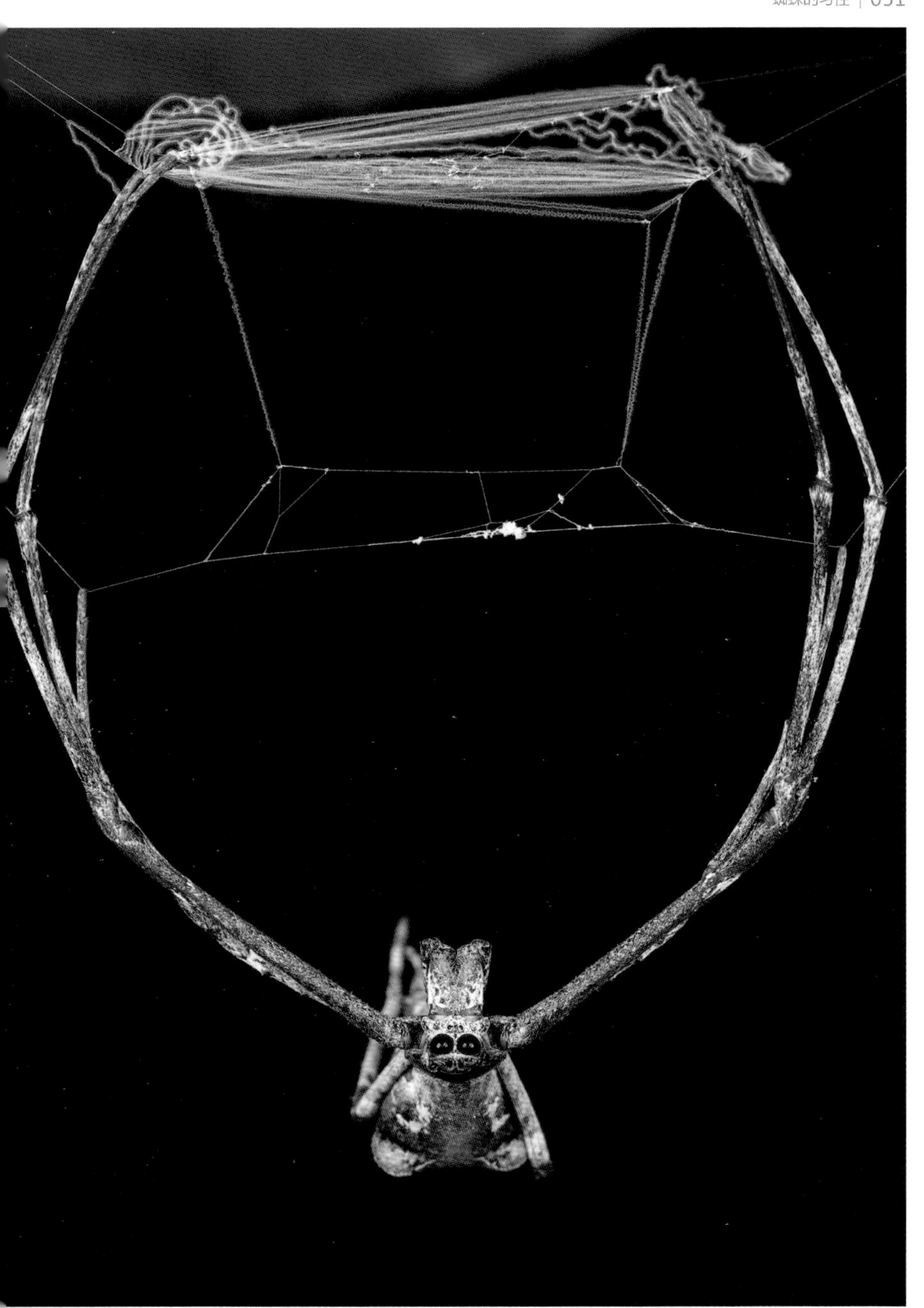

妖面蛛科王氏亚妖面蛛的特化圆网（万国侯 摄）

| 园蛛科锥头蛛属的圆网

| 弱蛛科小弱蛛属的片网

## 三、蜘蛛捕食

巨蟹蛛捕食

跳蛛捕食

### 1. 游猎捕食

游猎捕食的蜘蛛通常以守株待兔方式捕捉猎物，不会主动出击。仅仅在猎物非常靠近的时候才会发动攻击。捕猎时的攻击速度非常快，从攻击到压制猎物，不到 0.2 秒就会完成。实验显示，大多数游猎蜘蛛依靠物体或空气的振动，或者直接接触到猎物，才会引发直接猎捕的动作。蜘蛛以迅雷不及掩耳的速度扑向猎物，并且用前脚紧抓猎物。刚开始前脚的轻微探触，一瞬间变成强力的抓握。利用前脚跗节上的附着毛束，能够进一步保证猎物不致逃脱。将猎物迅速地拉向蜘蛛的身体和上颚，同时毒牙张开，随即刺入牺牲品身体的最近处。刺咬之后蜘蛛马上放松紧握猎物的前脚，只让上颚将猎物吊在半空中，如此可以尽量降低猎物抵抗所产生的危险性。这种方法的好处就是让猎物无法直接接触物体，因此没有办法使出力量来挣脱。只有猎物在蜘蛛毒液的影响之下完全不能动弹之后，才开始进食。

总之，全部猎捕的过程包含下列几个步骤：

①定位猎物。

②转向猎物并且用前脚尖端紧抓猎物。

③将猎物拉向上颚并且刺入猎物身体（同时施放毒液）。

④放松前脚，只用上颚抓住猎物。

⑤用一些蛛丝固定已经无法动弹的猎物。

⑥进食。

a | b
  | c

a. 狼蛛捕食（陈久桐 摄）
b. 猫蛛捕蜂（陈久桐 摄）
c. 跳蛛捕食蛾类（陈久桐 摄）

一些种类的蜘蛛。譬如某些种类的水狼蛛属 *Pirata* 利用视觉线索转向猎物。这种蜘蛛最有可能是因为猎物的移动才会有反应。在视觉引导捕猎的蜘蛛中，跳蛛是最著名的例子。跳蛛高度发育的主眼能够分析形状，因此也能够辨别不动的猎物。

有些狩猎蛛会在已经瘫痪的猎物身上再包裹蛛丝，而且将猎物固定在地上。这种行为的好处是，如果蜘蛛是在枝叶较高处游走，仍然可以在捕猎的地方稳当地保住猎物。一旦蜘蛛受到骚扰，可以暂时留下猎物，之后也可以很快地重新找回猎物。

定居的陷阱门蜘蛛显示稍微复杂一点的行为：如果有猎物经过，它会忽然跳出门来，用前脚刺向猎物，同时后脚仍然紧握住洞口。防御的时候，蜘蛛将陷阱门关闭，在洞内用螯牙和触肢紧紧抓住盖子。

更进步的陷阱门是蜘蛛的洞口会附加数条辐射丝（讯号丝或绊丝）。有数种原始的古疣类蜘蛛使用这个方法，它们的讯号丝外表像细小的电报线；这些细丝用微小的柄粘在地上。这些丝线能够将振动传播到洞中，作为蜘蛛是否冲向洞外的依据。某些澳大利亚的陷阱门蜘蛛（例如阿格蛛属 *Aganippe* 和安异蛛属 *Anidiops*）会在洞口铺上一个扇形的“树枝防线”，如此可以扩大搜寻区域，并且有助于振动的传播。

冲出陷阱门的拉土蛛（鸣虫子 摄）

| 园蛛捕食（陈久桐 摄）

## » 2. 结网捕食

我们可以用漏斗网蛛隙蛛属 *Coelotes* 作为例子来看片网蛛是如何捕食猎物的。隙蛛属蜘蛛主要捕食碰到它的片网上的甲虫。网上最轻微的振动都能够吸引这种蜘蛛从隐秘处冲出来，以直线方式分数次冲刺奔向猎物，一到甲虫跟前，蜘蛛马上将甲虫倒转过来，然后迅速地用上颚刺入甲虫腹部两节之间的薄膜。毒液需要 8~10 分钟才能使甲虫瘫痪，在这段时间中蜘蛛会用上颚紧紧地夹住猎物。甲虫的反抗动作转弱之后，蜘蛛才稍微放松紧抓的姿势，而且开始将消化液从伤口注入甲虫体内。当甲虫完全瘫痪的时候，翅膀会张开，于是蜘蛛能够很容易地处理甲虫身体的柔软部分。真正进食的时间要到猎物被蜘蛛搬到它的隐居室之后。即使甲虫已经不能动了，蜘蛛仍然用丝线将甲虫固定在地上。

有关猎捕行为最彻底的研究应该是圆网蛛，它们的猎捕方式比任何其他的蜘蛛的猎捕方式还有更多的变化。例如普通的园蛛（皇冠园蛛 Araneus diadematus），常遵照下列的顺序猎捕：①找出猎物在网上的正确位置；②迅速奔向猎物；③使猎物瘫痪；④把猎物迁移到网心。

一只嗡嗡叫的苍蝇靠近蛛网并不会引起蜘蛛直接的猎捕行为，要想让蜘蛛启动猎捕的行为必须是这只苍蝇接触了蜘蛛网。当苍蝇被圆网上的黏性螺旋丝缠绕住的时候，会制造一种特别的振动，让蜘蛛马上兴奋起来。即使苍蝇当时在网上很安静不挣扎，蜘蛛会拉扯几根辐射丝，探测每一根辐射丝的重量。换句话说就是它在找寻猎物的正确位置。甚至很小的重量（比如 0.1 毫克），蜘蛛都能够确定是在网上的哪一条丝上。特别是如果苍蝇再次扇动翅膀，蜘蛛会马上从网心自正确的辐射丝直接冲到猎物的所在地。蜘蛛用前脚和触肢轻触一下猎物，然后后脚将猎物用丝包裹起来，到这个时候蜘蛛才刺咬猎物。蜘蛛再用前脚和触肢切断数根网上的丝线，将包裹好的猎物迁移到网心，用一条短的丝线将包裹好的猎物固定在网心上，然后开始进食，进食的过程一定是在网心上进行，绝对不会在猎捕的地方。

许多蛾类被蜘蛛网困住的时间很短，因为只是一些翅膀的鳞片被粘在蛛丝上，很快逃脱。所以想要抓住蛾类，蜘蛛必须在猎物撞击网的那一刻就在现场，即使猎物在挣脱之前只是在蛛网上平均停留 5 秒。但是通常 5 秒对于有警觉性的圆网蛛来讲已经是个很长的时间，足够它们冲出来抓捕猎物。一旦蜘蛛冲出网心，绝大部分的猎物都很难有机会逃脱蜘蛛的猎捕。

| 圆蛛捕食蜡蝉（陈久桐 摄）

| 络新妇蛛捕食甲虫（陈久桐 摄）

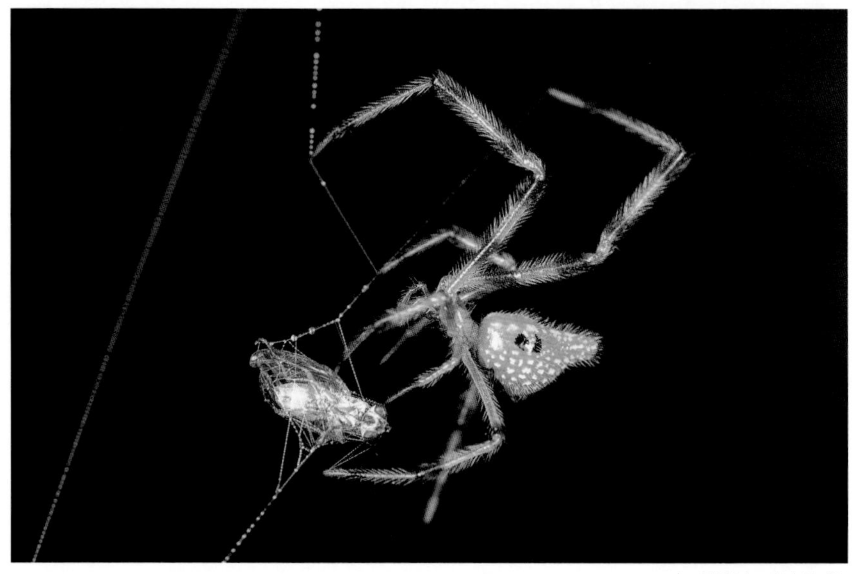

| 丽蛛捕食（陈久桐 摄）

## » 3. 不用毒液的猎捕

涡蛛不具毒液腺体，但是仍然能够很有效率地捕捉和压制猎物。方法是它们能够使用超过 100 米的丝线将猎物包缠很长的时间，常常超过一个小时。借由紧缠的丝线，产生强大的张力，这种张力压缩猎物身体的柔软部分，压弯甚至折断附肢，最后使猎物窒息。包缠猎物之后涡蛛并没有刺咬，只是将反刍出来的消化汁液洒在猎物全身。目前还不是很清楚消化酶如何进入猎物的体内，或许是通过折断的脚或者关节的薄膜。进食的时候，蜘蛛将猎物体液透过包缠的丝线吸入，整个过程大概需要几个小时。进食完毕之后随即丢掉整个包裹，缠绕的丝线仍然完整无缺，似乎并没有被消化酶破坏。这一点倒是令人觉得奇怪，因为我们预期从蜘蛛肠道反刍出来的酶应该会分解丝线的蛋白质。但是仔细检查用过的丝线，发现有两种丝线的形态：较细的丝线显然已经被分解而且回收吃掉，较厚的丝线则不受酶影响。这些耐腐蚀的丝线纤维形成耐久的网子围绕住猎物，如一种机械性的过滤装置，当猎物体液吸入蜘蛛体内的时候，固态颗粒被它们阻挡在外。

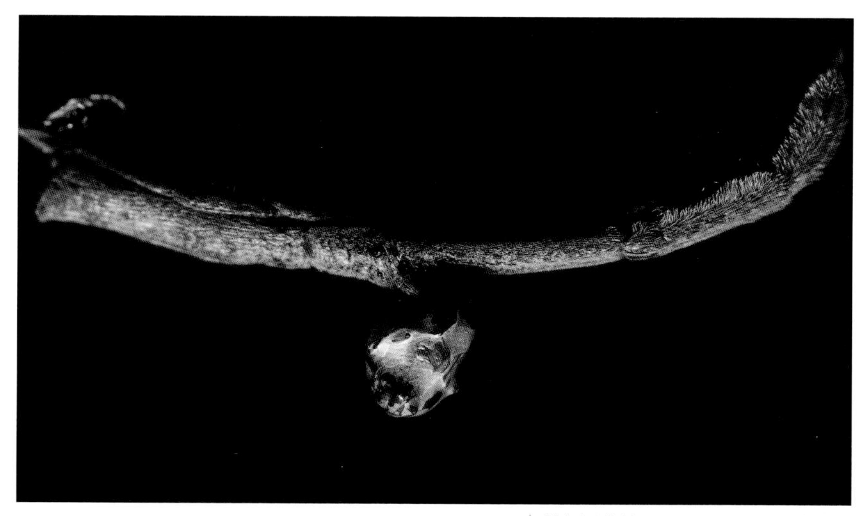

| 拟东方长妩蛛 *Miagrammopes paraorientalis* 捕食

## » 4. 捕食专家

有些蜘蛛已经发展出极为特别的捕食法，这些方法却不符合一般的原则。

瘤腹蛛会分泌一种模仿雌蛾性费洛蒙的挥发性物质，雄蛾被这种味道吸引，在蜘蛛周围飞翔，因此蜘蛛能有较好的目标物投掷它的黏球。一只瘤腹蛛一个晚上平均可以捕抓两只到三只的雄蛾，这个数字和一般用蛛网捕捉猎物的圆网蛛所能捕抓猎物的数目差不多。虽然瘤腹蛛也许常会错漏目标，可是一旦链球黏到蛾的身体，很少蛾能够逃脱。早龄期的瘤腹蛛不会用链球猎捕，但是会用化学方法吸引蛾蚋（*Psychodidae*），然后用前脚抓住猎物。成熟之后的雌瘤腹蛛会换成用投掷链球的方式捕食蛾类，不过成熟后的小型雄瘤腹蛛仍然保留若蛛的捕食行为。

| 何氏瘤腹蛛 *Ordgarius hobsoni* 捕食（董志巍 摄）

有些蜘蛛特化成只捕猎某种形态的猎物，而且也发展出适当的捕猎技术。最有名的例子是海盗蛛（拟态蛛科 Mimetidae），它们专门捕猎其他的蜘蛛，而拟平腹蛛科（Zodariidae）的蜘蛛则专门猎捕蚂蚁。

突腹蛛属 *Ero* 攻击其他的蜘蛛的方法是以非常快速的方式刺向猎物的附肢，注入的毒液作用非常迅速；猎物在数秒之内就瘫痪，然后突腹蛛属 *Ero* 蜘蛛再次靠近猎物并且开始从刺咬的伤口吸入体液。当追捕圆网蛛 *Meta segmentata* 的时候，甚至用更为特别的方法：突腹蛛属 *Ero* 用雄蛛的求偶丝线拉扯，应该是模仿求偶的信号。雌 *Meta* 属蜘蛛显然被骗了，因为她从网心走出来，却掉进突腹蛛属 *Ero* 蜘蛛的圈套。其他拟态蛛科的成员也会用这种“攻击性拟态”的方法拉扯网蛛的丝线，拉扯所产生的振动显然被误会为有猎物靠近，因此当网蛛从网心冲出来之后，马上被拟态蛛刺咬。

捕猎蚂蚁的拟平腹蛛属 *Zodarium* 攻击蚂蚁。拟平腹蛛属 *Zodarium* 会迅速地接触蚂蚁数次，然后很快地刺咬蚂蚁的一只脚，在安全距离之外停留直到蚂蚁完全瘫痪，这时才将猎物搬到一个隐秘处进食。奇怪的是，其他的蚂蚁并不会过来帮忙被攻击的蚂蚁。一般认为拟平腹蛛属 *Zodarium* 蜘蛛会制造化学分泌物，模仿蚂蚁的典型气味。我们发现有些其他科的蜘蛛也专门猎捕蚂蚁，譬如跳蛛科和平腹蛛科。许多球蛛科蜘蛛也喜欢猎捕蚂蚁。

| 拟平腹蛛属 *Zodarium* 蜘蛛

虽然蜘蛛总是猎捕活的猎物，并不表示它们不吃死去的动物。在实验室中，它们接受压碎的昆虫，甚至死去好多天的动物也一样照收无误。在自然环境中，蜘蛛是否也常会清理尸体这一点尚未彻底研究，不过有迹象显示某些游走蛛似乎经常处理死去的昆虫。有些社会性蜘蛛 *Stegodyphus mimosarum* 的群落中，甚至可以观察到同类互相清除尸体的现象。

## 四、蜘蛛的毒性

蜘蛛用毒液使猎物瘫痪或杀害猎物。毒液的主要功能就是迅速地让猎物无法动弹，致死只是次要的效果。除了涡蛛和全古蛛属 *Holarchaea*，其他所有的蜘蛛都具有一对毒腺，通常在胸部之内。以前认为原始的古疣亚目类蜘蛛缺少毒腺，最近已被反驳。毒腺是由一个长的圆柱体和一个通向上颚毒牙顶端的导管组成。一层显著的肌肉围绕住腺体，当肌肉收缩的时候，将毒液迅速地挤压出来。

花皮蛛属 *Scytodes* 的毒腺高度特化，此种蜘蛛的腺体包含一个制造毒液的前部和一个制造黏胶状物质的后部。花皮蛛快速地将蛛丝及黏胶吐到猎物身上来抓取猎物，如此可以缠绕猎物的肢体并将其固定在地上。快速摄影影像显示丝－胶的射出速度非常快，几近每秒 30 米，只持续 30 毫秒。胶一旦接触猎物，就会收缩，可以帮助使猎物瘫痪。

暗花皮蛛 *Scytodes fusca*

| 华美寇蛛 *Latrodectus elegans*（山山 摄）

从化学的角度来看，蜘蛛毒液包含许多不同的物质，是一种混合物，包含大而具神经性毒性的多肽化合物和较小的生物性胺类化合物以及氨基酸；也可能包含蛋白质分解酶。因为几乎所有的蜘蛛都带有毒腺，因此至少对于一般的猎物而言具有潜在的毒性。不过，四万余种蜘蛛中，对人类有潜在危险性的蜘蛛只有 200 种。而且已知只有被 4 个属的蜘蛛（澳大利亚漏斗网蛛属 *Atrax*、黑寡妇蛛属 *Latrodectus*、褐丝蛛属 *Loxosceles*、游蛛属 *Phoneutria*）咬到才具有潜在性的致死威胁。

| 灌木新园蛛 *Neoscona adianta*（曲利明 摄）

## 五、蜘蛛繁殖后代

成熟雌雄蜘蛛求偶都有一些婚前的“梳妆打扮”，成熟的雄蛛要织一个三角形小型精网，呈水平方向悬挂在树枝或其他底物上，雄蛛先在网的上面，腹部朝下对着网将体内精液从生殖孔中滴出，装在精网上，然后转到网的下方，身体仰卧，腹部朝上对着精网，一对触肢交替地浸到网上精液中，把精液注入触肢器内的贮精囊内。雌蛛的婚前打扮不多，只是蜕下最后一次皮，散发性诱集素等待配偶的到来。

### » 1. 求偶

求偶被视为准备交配的一种生理行为的仪式，对雄蛛来说，最主要的是避免被雌蛛认为敌害或猎物，它不得不发出一系列信息，引导雌蛛注意它的来临且不致产生误会。

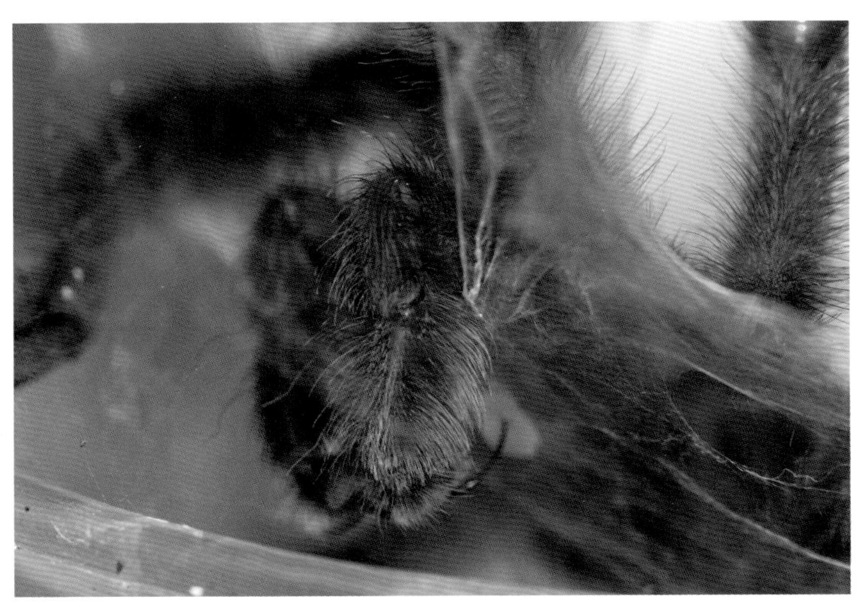

蜘蛛在结精网

乍看起来，人们会认为雄蛛主动求偶，其实有些蜘蛛的雌蛛交配前也有拨动步足的行为，甚至有的还用螯肢抓住雄蛛的前足胫节慢慢地使之靠近自己。

## 2. 求偶行为

猫跳蛛的求偶（王第航 摄）

蜘蛛求偶行为多种多样，难以归纳概括，有的雄蛛爬在雌蛛体上，把雌蛛的腹部拉近并将 1 个触肢器插入雌蛛生殖孔，这种直接接触方式，交配前很少有预备动作，仅用触肢和前足进行短暂的相互交流。有的蜘蛛，用视觉信息求偶素。几乎所有雄跳蛛在雌蛛面前展示出特殊的求偶运动，雄蛛高举第一步足，其余步足做出复杂的连续运动，借此刺激雌蛛的视觉，产生求偶行为。

## » 3. 不同蜘蛛的交配姿势

结网类蜘蛛的交配，基本姿势是在网上侧悬挂着进行。有的种类如十字园蛛（*Araneus diadematus*），雄蛛头胸部对着雌蛛腹部，但有的种类如苍白园蛛（*Araneus pallidus*），雄蛛身体转动 180°，形成背对腹的姿势，有的种类，如金蛛和络新妇蛛，雄蛛个子很小，腹部正对着雌蛛口器，往往被雌蛛咬伤致死。游猎型蜘蛛（如狼蛛、管巢蛛、跳蛛和蟹蛛）交配姿势多数是侧身方式。游猎型蜘蛛如舞蛛类，雄蛛从前方接近

a | b / c

| 不同蜘蛛的交配 a. 肖蛸 b. 长纺蛛 c. 拟平腹蛛（金池 摄）

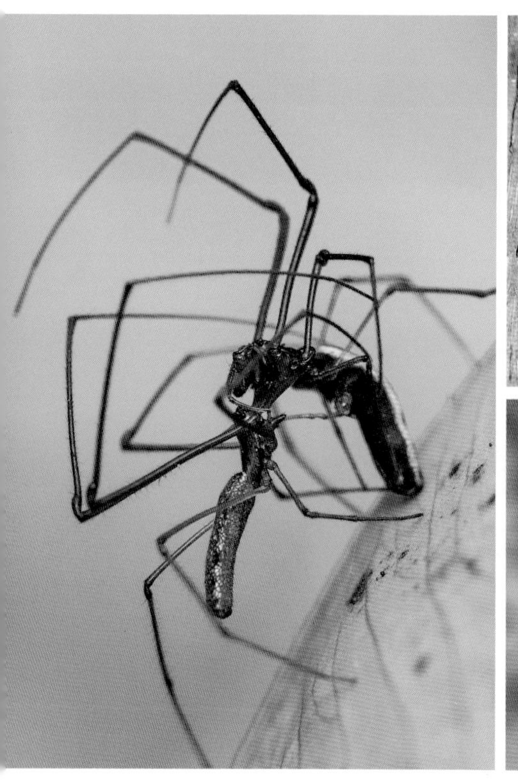

雌蛛，雌蛛高抬身体前部，腹面相对，雄蛛把一个或两个触肢器插入，随后小心地分开。对于狼蛛来说，雄蛛会爬到雌蛛体前区，然后转向体后区的一侧，雌蛛相应扭曲腹部，以便雄蛛的触肢器插入，每交配一次后，雄蛛则转到雌蛛的另一侧将触肢器插入。红螯蛛的交配姿势稍有不同，雌蛛、雄蛛头胸部腹面相对。

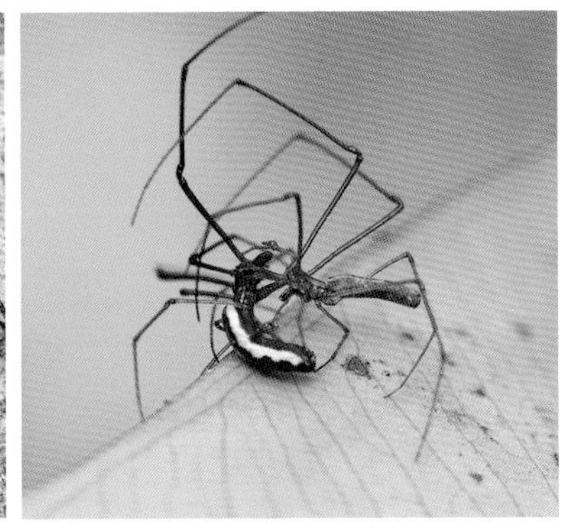

d. 跳蛛
e. 长纺蛛交配（陆千乐 摄）
f. 肖蛸交配（陆千乐 摄）

## 六、卵囊的营造和产卵

蜘蛛的卵从不暴露在外面，总是用丝保护着，卵囊、卵袋、卵茧都是受精卵的外部屏障，这样可以防御敌害，保持一定的温度、湿度，为胚胎发育创造一个适宜的环境。编织卵囊的过程非常程序化，如果被干扰而中断或者被移至别处，都会从头开始编织。编织的步骤也很严格，举园蛛为例，园蛛在隐蔽处编织卵囊，它的营建工作是从卵囊的顶板开始的，产卵则在顶板的下方。

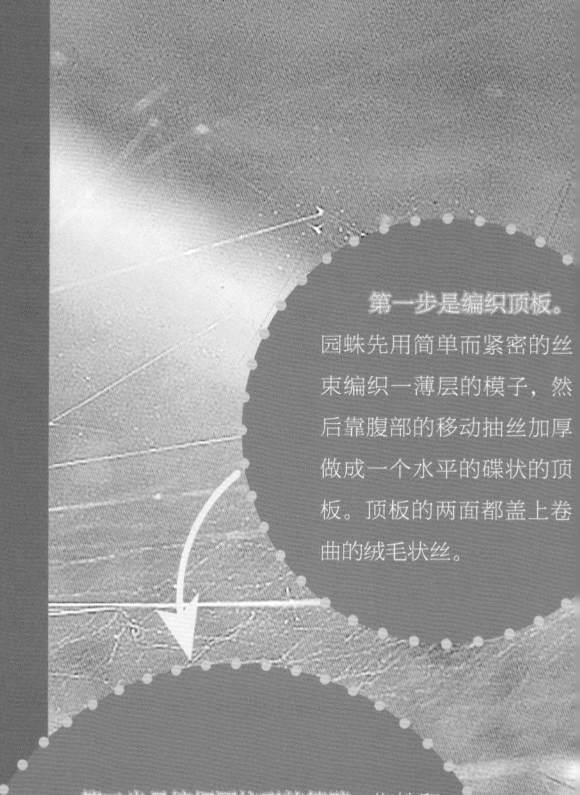

**第一步是编织顶板。**园蛛先用简单而紧密的丝束编织一薄层的模子，然后靠腹部的移动抽丝加厚做成一个水平的碟状的顶板。顶板的两面都盖上卷曲的绒毛状丝。

**第二步是编织圆柱形的筒壁。**蜘蛛爬在顶板的下方连续不断地抽丝，沿着顶板的周边打转，一圈圈地编织筒壁。触肢始终与筒壁的一面保持接触，纺器则一边布丝一边轻轻地按拍着筒壁的另一面，这样使筒壁保持一定的大小而且成为圆筒形，约 2 小时，筒壁高 6 毫米，形成一个倒立的筒形杯子的容器，卵囊的大小与蜘蛛的个体有关，并不由它能装多少卵粒而定。

**第六步是编织悬挂丝。**最后一道工序，纺出几根悬挂线，将卵囊系于树枝上。

**第五步是铺上一层絮状表层。**此层疏松网丝，结构看上去粗糙，以防敌害（鸟类等），又可保持卵囊中的温度、湿度。

**第三步是产卵。**排卵前停息几分钟，受精卵一个一个从雌蛛生殖孔排到卵囊中，初产的卵外包一层黏性的液体，尔后液体凝固将卵子紧贴在一起，产卵的过程仅费几分钟，如园蛛10分钟内产卵约1000个，排卵完毕后蜘蛛突然从卵堆处跳开。

**第四步是编织底盖板。**排卵后蜘蛛继续抽丝把卵堆完全盖住。

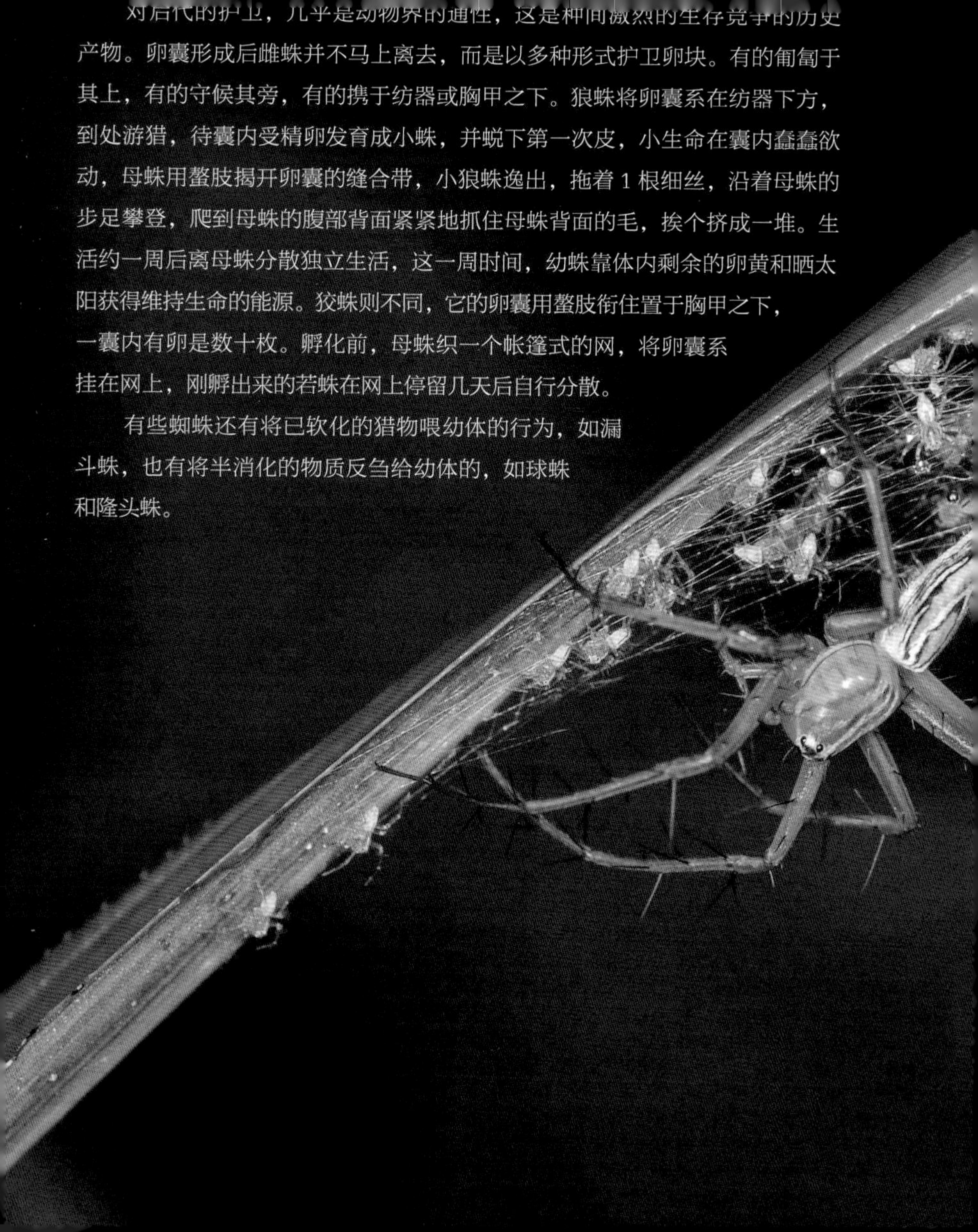

对后代的护卫，几乎是动物界的通性，这是种间激烈的生存竞争的历史产物。卵囊形成后雌蛛并不马上离去，而是以多种形式护卫卵块。有的匍匐于其上，有的守候其旁，有的携于纺器或胸甲之下。狼蛛将卵囊系在纺器下方，到处游猎，待囊内受精卵发育成小蛛，并蜕下第一次皮，小生命在囊内蠢蠢欲动，母蛛用螯肢揭开卵囊的缝合带，小狼蛛逸出，拖着1根细丝，沿着母蛛的步足攀登，爬到母蛛的腹部背面紧紧地抓住母蛛背面的毛，挨个挤成一堆。生活约一周后离母蛛分散独立生活，这一周时间，幼蛛靠体内剩余的卵黄和晒太阳获得维持生命的能源。狡蛛则不同，它的卵囊用螯肢衔住置于胸甲之下，一囊内有卵是数十枚。孵化前，母蛛织一个帐篷式的网，将卵囊系挂在网上，刚孵出来的若蛛在网上停留几天后自行分散。

有些蜘蛛还有将已软化的猎物喂幼体的行为，如漏斗蛛，也有将半消化的物质反刍给幼体的，如球蛛和隆头蛛。

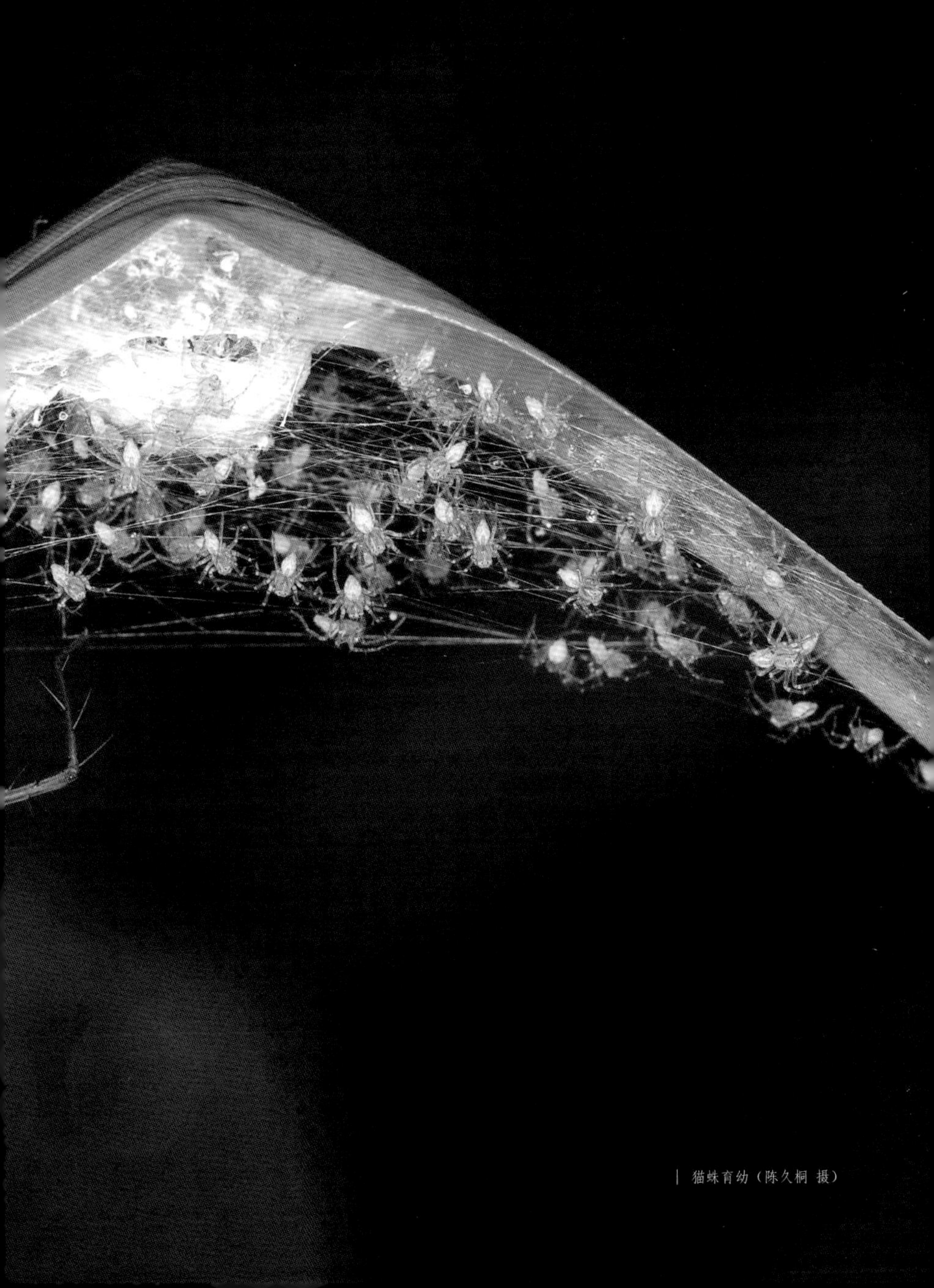

| 猫蛛育幼（陈久桐 摄）

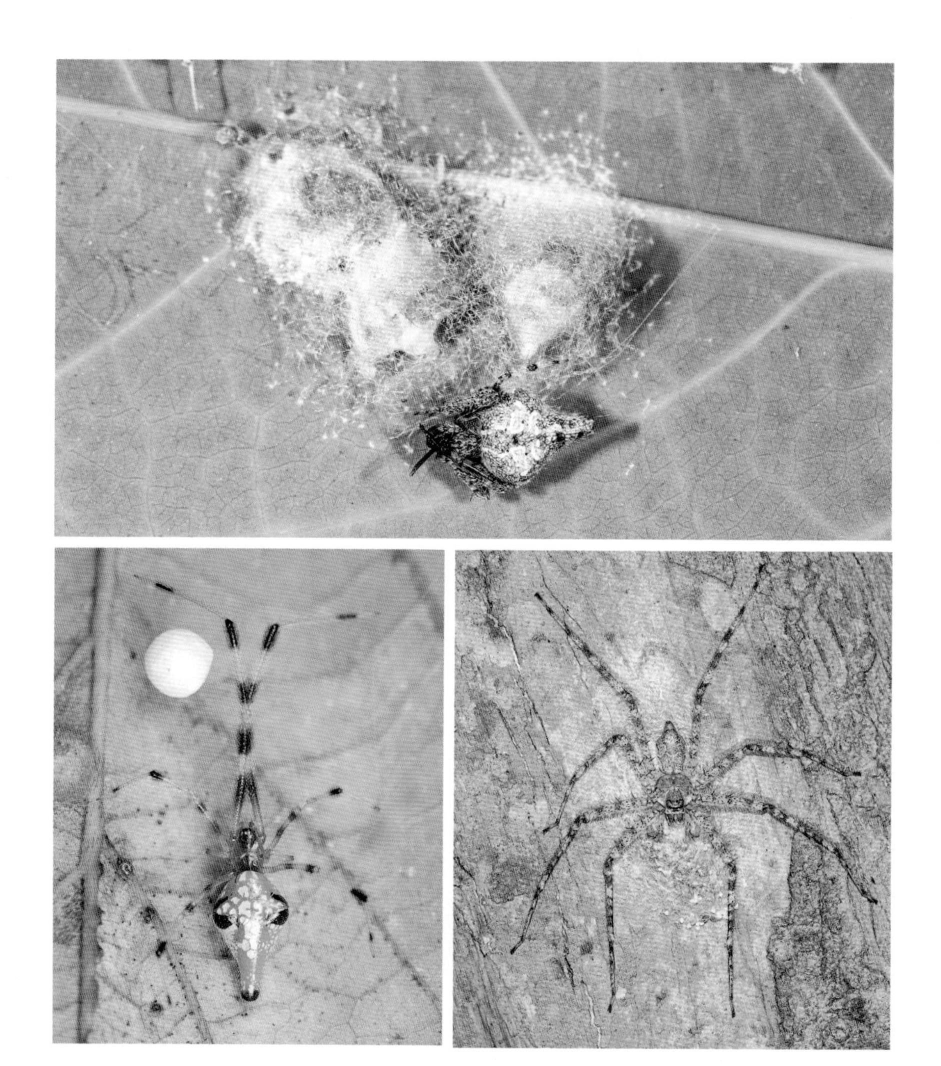

a. 园蛛育幼
b. 护卵的丽蛛
c. 巨蟹蛛育幼

# 第5章

## 蜘蛛与外界的关系

蜘蛛中的亲代照顾通常仅为单方面的母亲照料（marental care），父亲照料在蜘蛛中极罕见，直到21世纪才在2种亚社会性蜘蛛（隆头蛛科的 *Stegodyphus dumicola* 与园蛛科的 *Manogea porracea*）中发现存在双亲照料。目前认为可能是由于以下几个因素造成了这种状况：①雄蛛需要在交配方面承担更多角色，四处求偶的压力迫使它们放弃参与育幼；②不稳定的父权（即雌蛛可能与多个雄蛛交配）导致雄蛛们不愿参与育幼；③雄蛛的寿命通常较短，可能来不及参与育幼；④性食同类，雄蛛为雌蛛所杀，因此无法参与育幼。

蜘蛛的双亲照料直到21世纪才开始被报道，目前仅在2种群居蜘蛛里被发现。第一次报道是在2002年，德国学者K RPICK描述了隆头蛛 *Stegodyphus dumicola* 的护卵行为存在双亲照料。本种雄蛛会和雌蛛共同护卵，即使在没有雌蛛看护的情况下，也会对侵害卵囊者发动进攻。雄蛛的参与分担了雌蛛的护卵压力，这项研究发现没有雄蛛共同守护时，雌蛛需要花费更多的时间在护卵上；在有雄蛛守卫的情况下，雌蛛也愿意产下更多的卵囊。此外，还发现这种隆头蛛的雄蛛依据体型大小产生了2种繁殖策略——留在社群内担任护卫角色的通常只占20%，是大体型者，剩下80%的小型雄蛛则更倾向迁出寻找其他社群的雌蛛交配，这些雄蛛进入新社群后首先会假装保护之前的卵囊，在取得认可和新的雌蛛交配后，它们就会尝试毁坏或移除之前的卵囊，因此，守卫型的雄蛛也会抵御外来入侵的雄蛛，以维护父权。

第二次报道是2017年美洲的 *Manogea porracea*（园蛛科，云斑蛛亚科）被发现双亲照料。在雌蛛产下卵囊后，雄蛛会在其上方织圆网，捕食的同时对卵囊提供保护。除了攻击入侵者（盗寄生蜘蛛及其他尝试食卵者）之外，雄蛛还被观察到修补蛛网，以及在雨后清除卵囊上的雨水，可能是为了防止雨水渗入造成幼蛛溺亡。亚社会生活吸引来了更多的盗寄生者或捕食者（如拟态蛛），而交配季的雌蛛营养更为丰富，因此也比雄蛛更容易被捕食者盯上，这导致了在本种中雌蛛的死亡率比雄蛛更高。也正因如此，雄蛛担负起了更大的育幼责任。在交配季结束后，约有 68% 的卵囊由雄蛛照料，如果雌蛛死亡，雄蛛还会把卵囊携带到自己的网上，并在孵化后继续照料。研究人员还发现在父母双亡的情况下，蛛网会疏于管理很快坍塌，导致幼蛛大量死亡。

母亲照料则在蜘蛛中较为普遍，其中一些类群演化出了特殊的形式，比如自杀式母亲照料（suicidal maternal care）或哺乳。自杀式母亲照料即雌蛛主动捐躯作为幼蛛的食物，反之则称这类幼蛛具有“食母性”（matriphagy）。这种现象在隆头蛛科、暗蛛科、红螯蛛科、跳蛛科中都或多或少存在，其中食母种类最多、被研究最透彻的是隆头蛛科的穹蛛属 *Stegodyphus*。组织学研究的结果表明，线穹蛛雌蛛在孵化阶段的中后期开始，会从中肠向外降解身体组织，以使幼蛛可以更高效地利用营养，这也表明雌蛛作为幼蛛的食物是一种主动的策略。哺乳行为则见于大蚁蛛 *Toxeus magnus*，雌蛛在腹部衍生出了可以分泌营养物质的腺体，幼蛛靠吸食分泌物成长到亚成年。大蚁蛛也是目前发现唯一的进行长期哺乳行为的蜘蛛。

| 钩猫蛛属 *Hamadruas*（陈久桐 摄）

## (2) 群居：准社会性与亚社会性

通常来说蜘蛛是独居动物，且很容易对侵犯自己领地的同类表现出攻击性，但在少数种类中，蜘蛛个体间建立起了不同程度的群居合作关系，发展出了亚社会性或准社会性。

准社会性蜘蛛的个体之间往往合作性更强，甚至存在明确分工和阶级，同时可有一定的世代重叠。基于相关的系统发育分，准社会性蛛形学家们认为准社会性在蜘蛛目中可能已经独立进化了 18 ~ 19 次。目前，被发现存在准社会性的蜘蛛已有 30 种左右，分散在 9 个科的部分种类中：漏斗蛛科（漏斗蛛属 *Agelena*）；潮蛛科（*Phryganoporus* 属）；卷叶蛛科（*Aebutina* 属和 *Mallos* 属）；隆头蛛科（穹蛛属 *Stegodyphus*）；类球蛛科（未定属种）；猫蛛科（*Tapinillus* 属）、巨蟹蛛科（*Delena* 属）；球蛛科（希蛛属 *Achaearanea*、阿内蛛属 *Anelosimus*、拟肥腹蛛属 *Parasteatoda*、球蛛属 *Theridion*）；蟹蛛科（*Australomisidia* 属）。一些种类中出现了生殖倾斜的现象，在奇粗腿蛛 *Anelosimus eximius* 的社群中，部分雌蛛不被允许参与繁殖，这可能是该种的阶级性表现。

亚社会性蜘蛛较准社会性蜘蛛而言，通常仅为简单的聚居或季节性地群居，个体间的合作性较弱，通常没有明确的分工，不存在阶级。在肖蛸科、园蛛科、妩蛛科、跳蛛科、球蛛科等类群中都有这种类型的蜘蛛。Bertani 等人还在 2008 年于巴西发现了寇蛛属（*Latrodectus*，俗称黑寡妇蛛）的亚社会性现象。在人工饲养条件下，加大饲养的数量密度，也可以使一些种类表现出亚社会性，这种情况最典型的例子是捕鸟蛛科的饰纹蛛属（*Poecilotheria* spp.）。

通过群居、构建更大的网并合作捕猎，蜘蛛有机会猎杀更大、更多的猎物，同时提升对天敌或盗寄生者的抵御能力。它们还可以合作维护巢穴，这也降低了单一蜘蛛在修缮蛛网上投入的蛋白成本。准社会性、亚社会性蜘蛛有时也是兼性社会性的——即不同种群中，蜘蛛可群居亦可独居，这也使其可以在次优生存条件下继续存活。群居是蜘蛛行为进化的重要一步，在此基础上才有更为丰富的行为逐渐出现，上一节中介绍的双亲照顾正是一个例子。但群居也带来了风险，有研究在穹蛛社群中发现了低水平的近亲交配，这可能导致它们迈向完全近亲交配体系中，走向受限的进化方向。

| 群居的喜妩蛛

| 线穹蛛 *Stegogyphus lineatus*，群居性的隆头蛛

(3) 性食同类（sexual cannibalism）

性食同类是指动物求偶、交配中或交配后吃掉配偶的现象，通常为雌性取食雄性。性食同类现象在蜘蛛中很常见，尤其是在具有高度性二态（SSD，sexual size dimorphism）的类群中。性二态现象和性食同类在蜘蛛中可能是相互作用而进化的。

性食同类的成因有几种不同的假说：一是适应性觅食说，认为性食同类主要由于雌蛛需要从雄蛛处获得更多的营养；二是性选择说，认为雌蛛向雄蛛表现出攻击性，以筛选交配愿望和对抗能力更强者；三是错误识别说，即雌蛛因无法识别雄蛛的求偶而猎杀雄蛛。也有一些研究发现，在一些种类中，雌蛛猎杀雄蛛与否取决于雌蛛的饥饿程度与雄蛛的体型大小。性食同类还被认为与一夫一妻制有关。总之，蜘蛛的性食同类进化可能较为复杂，现今还没有非常透彻的研究。

并非都是雌蛛主动进攻导致性食同类。一些种类的雄蛛主动为性食同类做好了准备，甚至从亚成年期便开始。在球蛛科的 *Tidarren* spp. 中，雄蛛在亚成年时会自切一根触肢，仅保留一根触肢蜕皮成熟。交配时，雄蛛在雌蛛的生殖器上折断唯一的触肢继续

| 雌蛛猎杀雄蛛（陈久桐 摄）

射精，蛛体则爬向雌蛛面前，使之主动捕食自己。在寇蛛属中也发现有部分种类的雄蛛主动捐躯的现象。

少数种类中，也存在雄蛛杀雌蛛的反向性食同类。平腹蛛科的 *Micaria sociabilis* 和狼蛛科的 *Allocosa brasiliensis* 都被报道过在繁殖季猎杀一些繁殖意义不大的老年雌蛛。这种现象和雄蛛的体型关系也较大，一般是大个体雄蛛更偏好此举。此外，在捕鸟蛛和栉足蛛中，一些种类的雄蛛也可能因为求偶不成功而猎杀雌蛛。

| 马利蛛 *Mallinella* sp. 雄蛛已被雌蛛捕杀

## 2. 种间关系

### (1) 食蛛（Araneophagy）

食蛛性蜘蛛即喜食或专食其他蜘蛛的蜘蛛。食蛛的行为在蜘蛛系统中起源了多次，常见于二纺蛛总科（Palpimanoidea）、跳蛛科的散蛛亚科、圆网蛛类的拟态蛛科、球蛛科的双刃蛛属 *Rhomphaea* 等。其他类群中也偶有食蛛性种类出现，如园蛛科的壮头蛛属 *Chorizopes*、新西兰的平腹蛛 *Taieria erebus*。食蛛性蜘蛛通常也具有攻击性拟态的行为，通过模仿猎物诱骗其他蜘蛛来达到捕食目的。现今食蛛被研究最多的是散蛛亚科 Spartaeinae 的孔蛛属 *Portia*。

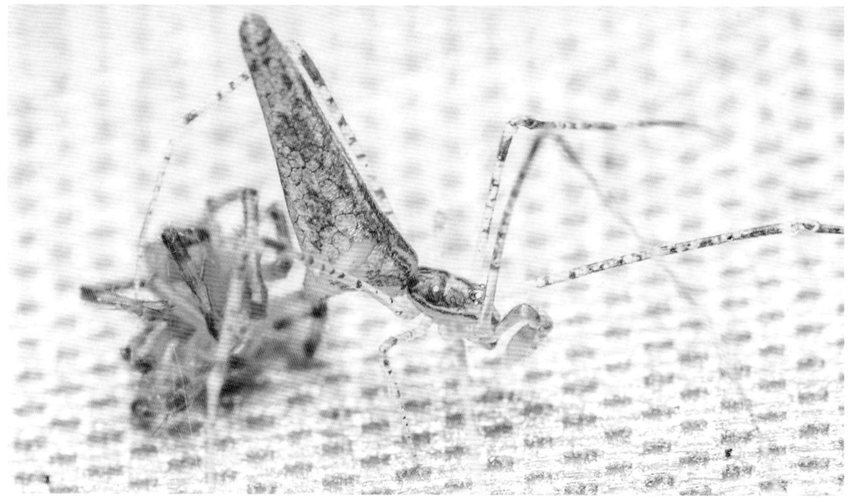

a. 壮头蛛 *Chorizopes* sp. 食蛛性园蛛（陆千乐 摄）
b. 孔蛛，食蛛性跳蛛（陈久桐 摄）
c. 双刃蛛捕食蜘蛛（杨垚 摄）

a. 孔蛛，在球蛛网上，上圆圈是球蛛位置，下圆圈是孔蛛位置
b. 孔蛛放大图

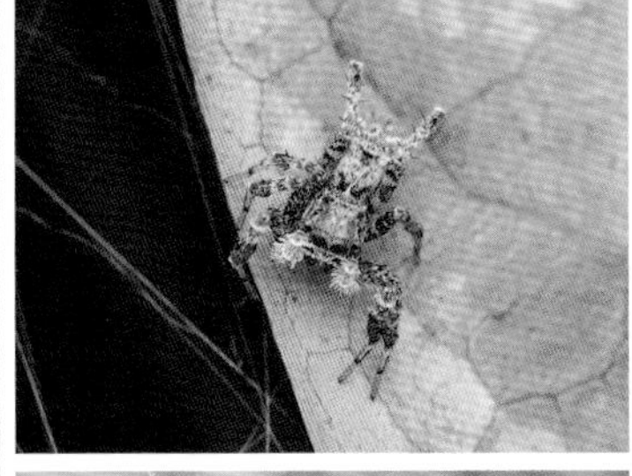

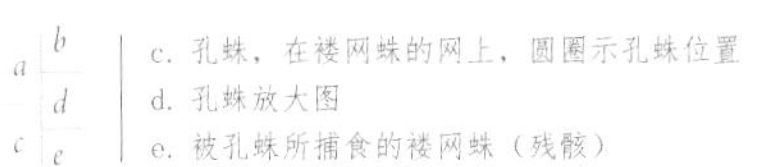

c. 孔蛛，在褛网蛛的网上，圆圈示孔蛛位置
d. 孔蛛放大图
e. 被孔蛛所捕食的褛网蛛（残骸）

(2) 盗寄生（Kleptoparasitism）

盗寄生现象指动物通过侵入其他动物（寄主动物）的生活空间，以寄主动物的食物或生活副产物、少数时以寄主动物本身为食的生活方式。在蜘蛛的种间关系中，盗寄生者主要发现于小型圆网蛛类群，比如密蛛科（*Isela okuncana*、*Killfia inquilina*、*Mysmenopsis* 整属，主要寄生在长尾蛛科 Dipluridae 的漏斗网上；*Mysmenopsis* 的少数种类以幽灵蛛科或园蛛科为寄主）、安蛛科（*Sofanapis antillanca*，寄主为南蛛科 Austrochilidae）、愈螯蛛科（*Curimagua bayano*，寄生在长尾蛛科的网上）、球蛛科（银斑蛛亚科 Argyrodinae，寄主主要为大型圆网蛛）；少数非圆网蛛类群中也偶有发现，如卷叶蛛科（古卷叶蛛 *Archaeodictyna ulova*，寄主为隆头蛛 *Stegodyphus*）、巨蟹蛛科（4 种奥利蛛属 *Olios* 种类，寄主为隆头蛛 *Stegodyphus sarasinorum* 或潮蛛科社蛛属 *Badumna candida*）、卵形蛛科（Oonops pulcher，寄主为暗蛛 *Amaurobius fenestralis*）、跳蛛科（西马蛛 *Simaetha paetula*，寄主为社蛛 *Badumna candida*）。

现今所发现盗寄生行为最丰富、被研究最多的蜘蛛是球蛛科的银斑蛛亚科，包含了 200 多种。这类蜘蛛主要寄居在其他大型圆网蛛的网上。它们的行为包括窃食寄主网上的丝、盗走寄主捕食的猎物、与寄主共同进食、捕食被寄主网粘住的微小飞虫、攻击蜕皮中的寄主、直接捕食寄主。部分种类一般只进行其中某 1 ~ 2 项，少数种类则拥有以上一系列行为。银斑蛛亚科的部分类群还具有亚社会性，协作性地入侵、利用其他蜘蛛的蛛网。银斑蛛属（*Argyrodes*）是最典型的盗寄生型银斑蛛，有时它们会在寄主的网上织起支架型小网，作为入侵寄主网的桥梁，并用来存放从寄主网上窃取的猎物。

目前对银斑蛛亚科盗寄生的研究，主要集中在其与大型圆网蛛（以络新妇蛛为主）的相互关系上，因此对它们与其他非大型圆网蛛寄主的关系研究稍少。费蛛属

*Faiditus* 的部分种类被发现还会寄居在其他球蛛的网上，其中悲费蛛 *Faiditus ululans* 会在其寄主奇粗腿蛛 *Anelosimus eximius* 的网上织管道网，用来躲避寄主的驱赶和追击。角新刺胸蛛 *Neospintharus trigonum* 则被发现窃食皿蛛科蜘蛛的猎物，尽管它们并不是将猎物悄悄偷走，而是先将寄主赶走。根据笔者的观察，在一些褛网蛛科的网上，也有盗寄生的银斑蛛。

| 黄银斑蛛 *Argyrodes flavescens*，盗寄生于络新妇蛛等大圆网蛛的网上（陆千乐 摄）

a ~ d. 环拱背蛛 *Spheropistha orbita*（a 是雄蛛，b ~ d 都是雌蛛），属于银斑蛛亚科，盗寄生于褛网蛛的网上，浅细蛛丝为环拱背蛛蛛丝，搭在褛网蛛搭建的丝上
c. 环拱背蛛 *Spheropistha orbita*，在褛网蛛的网上

## 二、蜘蛛和非蜘蛛生物的关系

### » 1. 蜘蛛的食性

绝大多数蜘蛛为肉食动物，目前发现的植食蜘蛛仅有一种。按照猎物范围，蜘蛛可以被划分为以下四类：

(1) 泛食者（Euryphagous generalists）

这类蜘蛛可以接受的猎物种类最多，网型、捕食策略也最为多样化。其形态结构和行为的发生并不针对某一类食物。

(2) 生态狭食者（Stenophagous generalists）

这类蜘蛛的食性受到地域与生态环境的影响，不同的地理种群可能以不同的猎物作为主食。泛世界分布的拟壁钱 *Oecobius navus* 属于此类，其在澳大利亚和南美洲的种群主要以蚂蚁为食，但其他地理种群的猎物却是多样化的。

| 猫蛛捕食（陈久桐 摄）

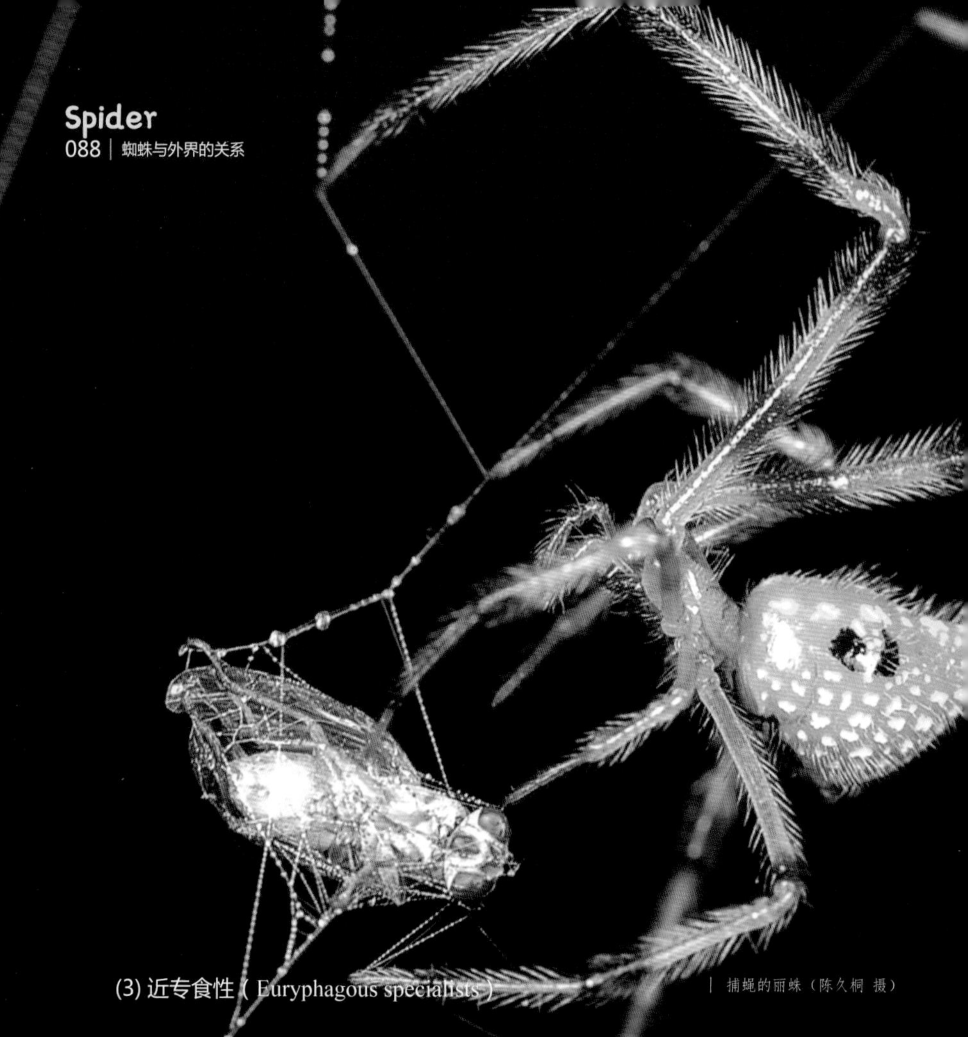

捕蝇的丽蛛（陈久桐 摄）

(3) 近专食性（Euryphagous specialists）

这类蜘蛛主要以某类猎物为食，但在特殊情况下也可以靠捕食其他猎物存活。食蛛的孔蛛属 *Portia* 以及部分石蛛科的种类可能属于这类。

(4) 真专食性（Stenophagous specialists）

这类蜘蛛食性最为极端，其营养全都依赖某种或某一小类猎物，脱离此类猎物便无法生存。平腹蛛科的平腹蛛属 *Zodarion* 属于此类。

在广义的专食性中（Stenophagy），蜘蛛又有食蛛性（Araneophagy）、甲壳动物专食性（Crustaceophagy）、鳞翅目专食性（Lepidopterophagy）、双翅目专食性（Dipterophagy）、食蚁性（Myrmecophagy）与食蠹性（Termitophagy）几类。本节主要讲后两类——食蚁与食蠹，以及特殊的植食性蜘蛛。

①食蚁与食蠶。蜘蛛的食蚁现象从兼性食蚁到专性食蚁水平过渡不齐。一般而言，蜘蛛会避免捕食危险和难以对付的蚂蚁，但对于冒险食蚁的蜘蛛而言，它们的掠食竞争压力被大大降低，在获得丰富营养的同时甚至可以获得来自蚂蚁的间接庇护。食蚁行为分化程度最高的类群是拟平腹蛛科。目前没有直接证据说明食蚁性蜘蛛会像蚁栖蜘蛛们一样窃取化学物质模仿蚂蚁，但一些研究已经指出，某些食蚁蜘蛛可以通过释放化学物质安抚将被捕食的蚂蚁，以及根据蚂蚁释放的化学信号追踪蚂蚁。食蚁拟平腹蛛 *Habronestes bradleyi* 被观察到挥动前足以感知并确定蚂蚁位置，而实验将其前足去除后，蜘蛛便失去了这种判断能力。电子显微镜观察到食蚁的拟平腹蛛属 *Zodarion* 在第一步足的腿节上具有腿节器（femoral organ），其结构包括分泌细胞及特化的发散状刚毛，推测可能用来分泌并挥发化学物质制服蚂蚁。作为捕食者，进化出对某种食物的偏好很可能是因为掌握了针对这种猎物的特殊捕食技巧，在食蚁性蜘蛛中也是如此。一些兼性食蚁蜘蛛采用可塑的捕食策略以区别对待蚂蚁和其他猎物。比如，拟平腹蛛捕食其他猎物时常常直接咬住，但捕猎蚂蚁时一次只咬一条腿，而后退开，再继续咬，如此循环直至蚂蚁瘫痪。此外，一些专性食蚁者还进化出了特殊的毒液，只高效作用于某一类蚂蚁。食蚁带来的最大问题是营养。某些专性食蚁者宁愿饿死也不接受非蚁猎物，因此在蚁群匮乏的环境中难以生存。另外长期食用单一的食物可能带来营养的失衡，对此，一些食蚁者通过进食蚂蚁的不同身体部位来解决这个问题。

正在食蚁的翠蛛 *Siler* sp.

食蟹现象在蜘蛛中被报道得较少。目前发现的种类基本都分布在非洲，这可能是由于非洲白蚁被调查研究得更多的原因。不完全统计的食蟹蜘蛛大约有：沙蛛科 Ammoxenidae 的沙蛛属 *Ammoxenus* spp.，自然状态下只捕食白蚁，沙蛛会大量出现在蚁丘表面，有时还会潜进蚁丘内捕食白蚁，有实验表明沙蛛更偏爱捕食白蚁群中的工蚁；跳蛛科中的 *Heliophanus termitophagus* 和 *Stenaelurillus termitophagus*，后者也被拍摄到成群活动在蚁丘入口附近狩猎白蚁；球蛛科 *Janula* 属中有种类被记载捕食白蚁；拟平腹蛛科的 *Diores* 属也被记录过几种食蟹种类。

猫蛛捕蜂（陈久桐 摄）

| 蟹蛛捕蜂（陈久桐 摄）

②素食蜘蛛。目前只发现了一种植食性蜘蛛——具有亚社会性的跳蛛吉氏巴戈蛛 *Bagheera kiplingi*，生活在以 *Vachellia* 属为主的豆科植物上，以这类植物的贝氏体（Beltian food body）为食。贝氏体是这类植物与蚂蚁的共生生活中演化出来的，含有丰富的糖和蛋白质，供给蚂蚁食用。而吉氏巴戈蛛潜进了这两者的关系。除了直接从植物上摘取之外，这种蜘蛛还会从蚂蚁口中抢夺贝氏体。尽管贝氏体中糖和蛋白质的含量很高，但其脂肪含量却很低，且有大量难以消化的纤维素，无法成为肉食的完美替代品。因此，吉氏巴戈蛛并非完全素食，蚁卵和小型昆虫也在它们的食谱之中；另外，有研究表明，在不同地区的不同种群之间，吉氏巴戈蛛的食物结构还存在较大差异：墨西哥种群的食物中素食占到了 91%，而哥斯达黎加种群中则只占 60%。

| 弓长棘蛛 *Macracantha arcuata*

| 蝶角蛉（幼虫）捕食宽胸蝇虎（陈久桐 摄）

## » 2. 蜘蛛的寄生虫，及以蜘蛛和其衍生物为食的生物

线虫是蜘蛛体内常见的寄生虫。在自然中发生的蜘蛛线虫性感染几乎都来自索虫科 Mermithidae，截至 1987 年的统计，已有 50 多种蜘蛛被报道受到索虫的寄生。一些索虫，如 *Aranimermis aptispicula*，是专性的蜘蛛寄生虫。蜘蛛寄生性线虫的报道并不多，因此其生活史并不明确。目前看来，索虫可能通过土壤或水进入蜘蛛体内，在成年后会影响或控制蜘蛛进入水中，从其体内钻出并进行繁殖。可能还有一些铁线虫 *Gordius* 也会寄生在蜘蛛体内，它们和索虫长相接近，但亲缘关系较远。在实验室条件内，还有几类小杆线虫 *Rhabditida* 被观察到可以寄生蜘蛛。蜘蛛一旦感染小杆线虫，很快便会被其共生菌致死。小杆线虫的感染机制尚不明确。小杆线虫通常以细菌为食，其攻击蜘蛛目的可能是为了杀死蜘蛛而食用尸体中产生的大量细菌。

不仅线虫会寄生蜘蛛。一些寄生或拟寄生性昆虫生活史中的某些阶段（基本为幼年）也需要依赖蜘蛛或其衍生物。最具代表性的是小头虻科 Acroceridae，几乎全科幼虫时期都寄生在蜘蛛体内，化蛹前从蜘蛛体内钻出，同时会导致蜘蛛死亡。也有大约 9 个科与蜘蛛相关的寄生蜂（蛛蜂科、金小蜂科、跳小蜂科、姬蜂科、姬小蜂科、广肩小蜂科、缘腹细蜂科、泥蜂科、蚁科），其中一些直接捕猎蜘蛛进行寄生，一些寄生在蜘蛛卵囊。直接寄生蜘蛛者，靠成年蜂猎捕蜘蛛，将其蛰至昏迷不能行动后带到孵化场所，在蜘蛛体表产卵，幼虫孵化以蜘蛛为食；其中一些种类捕猎蜘蛛后还会将蜘蛛的步足全部去除，以防止蜘蛛苏醒反抗、逃跑或伤害幼虫。寄生蛛卵者则将虫卵排进蜘蛛卵囊，幼虫孵化后以蛛卵和幼蛛为食。螳蛉科中螳蛉亚科 Mantispinae 的种类也以蜘蛛为寄生对象。部分螳蛉的幼虫孵化后会主动寻找蜘蛛的卵囊，咬破钻入并取食蛛卵或幼蛛，直至成年前才离开。有的螳蛉幼虫则先爬到蜘蛛身上进行寄生，待蜘蛛产卵后才进入卵囊中。

专性捕食蜘蛛的昆虫较少。猎蝽科蚊猎蝽亚科 Emesinae 中的部分种类属于此类，一些蚊猎蝽会潜伏在蛛网上，悄悄接近蜘蛛并捕食。

一些螨类会兼性或专性地寄生于蜘蛛体表。寄生蜘蛛的螨虫主要存在于 Erythraeidae、Trombidiidae、Eutrombidiidae 和 Laelapidae 这 4 个科中。蜘蛛寄生螨偏好在中窝等缝隙处或者关节间体表较薄的部位聚集，取食蜘蛛营养并在蜘蛛身上繁殖。也有一些寄生螨单独行动。

| a | b |
|---|---|
| | c |
| d | e |

a. 索虫，从跳蛛腹部钻出（万国侯 摄）
b. 线虫（可能为吸口线虫），聚集在蜘蛛口部
c. 螨，聚集于蜘蛛的触肢器上
d. 小头虻的蛹和已经死亡的寄主蜘蛛（康骏涛 摄）
e. 小头虻的蛹，特写（康骏涛 摄）

a. 螨，寄生于盗蛛腹部前缘（杨垚 摄）
b. 螨，寄生于米图蛛腹侧（杨垚 摄）
c. 蛛蜂，猎捕膜蟹蛛，蜘蛛步足已被其拆卸
d. 蛛蜂，猎捕大疣蛛 *Macrothele* sp.

| 里氏盘腹蛛 *Cyclocosmia ricketti*（杨垚 摄）

## » 3. 屏障护穴行为——蜘蛛对寄生蜂的协同进化

屏障护穴（phragmosis）一词由美国昆虫学家惠勒（W. M. Wheeler）创造于 1927 年，现用来指动物运用特化的身体结构在巢穴中自卫的行为。这种行为已经发现于蛙类与昆虫中，在蜘蛛中也有典例，即盘腹蛛科的盘腹蛛属 *Cyclocosmia*。盘腹蛛的腹部末端具有一个骨化腹盘，在被侵扰时会转身用它封堵洞穴的通道。这种行为被猜测是用来抵挡以寄生蜂为主的天敌的进攻。腹盘的骨化程度高，蜂的螫针难以刺入，因此蜘蛛避免了被捕食的厄运。除了盘腹蛛，异蛛科中的异体蛛属 *Idiosoma*、盔体蛛属 *Galeosoma* 也有种类具有腹盘或类似结构，功能可能与盘腹蛛接近，是趋同演化的结果。

宽肋盘腹蛛 *Cyclocosmia latusicosta* 的腹盘

里氏盘腹蛛的腹盘（杨垚 摄）

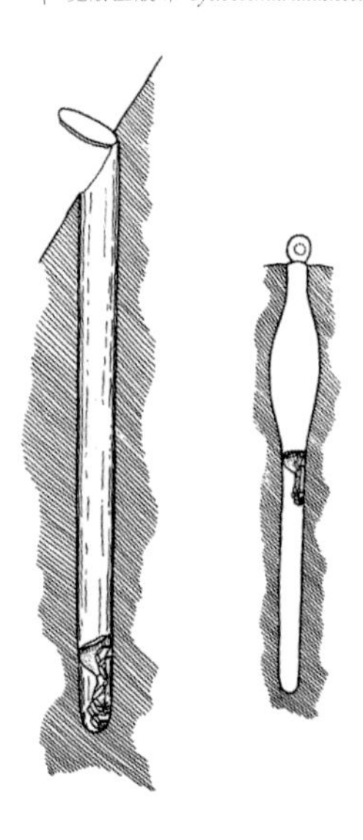

展示屏障护穴的手绘图，左为盘腹蛛，右为盔体蛛，引自 Gertsch & Wallace（1936）

## » 4. 共生：蚁客与螱客

蚁巢往往是封闭的小环境，在其内部形成了相对孤立的生态系统。稳定的小气候、充足的食物，与蚂蚁强大的庇护，使得一些生物冒险进入蚁巢开启与蚂蚁的共生生活，这类生物常被称为“蚁客”。蚁客群体中不乏蜘蛛，截至2012年，已统计出13科41种蚁客蜘蛛。蚁客蜘蛛对蚁巢的依赖程度也不尽相同，从与蚂蚁保持简单联系，到终生生活在蚁巢内脱离蚁巢就无法健康生存的种类都有。

蚁客的进入对蚁群造成的影响，从目的来看利弊兼有。一些蚁客蜘蛛主要攻击宿主蚂蚁或偷食蚁卵（如圆颚蛛科的 *Attacobius attarum*），而有些则以蚁巢中的其他共生动物为食（如卷叶蛛科的 *Matisgusa* spp.），还有一些窃食寄主捕获的昆虫（如卵形蛛科的 *Gamasomorpha maschwitzi*）。但由于对于整个蚁群而言，蚁客蜘蛛的数量往往少得可怜，因此从实际角度来看，这些影响几乎可以忽略不计。

尽管对蚂蚁的影响微乎其微，但作为入侵者一旦被发现还是会遭受宿主的攻击。对此，蚁客蜘蛛们发展出了几套不同

蚁栖壮蟹蛛 *Stiphropus myrmecophilus*（何枫 摄）

的对策。首先，蚁客蜘蛛常有撒手锏——蚁客蜘蛛往往可以通过化学手段模仿、欺骗、安抚蚂蚁，使其误认自己为同类；其次，部分蚁客蜘蛛在行为方面采取了模仿宿主的方式，比如模仿蚂蚁爬行的步伐，以混淆视听；再次，在形态上，一些种类适应性地演化出或加强了腹部的骨片，一定程度上可以缓冲蚂蚁的攻击。

目前，尚没有明确的证据说明蚁客蜘蛛会利用腺体主动合成、分泌用来拟态的化学物质，更常见的情况可能是，这些化学物质是蜘蛛利用特化的形态结构或其他方式从蚂蚁身上擦拭、窃取的。此外，一些蚁客蜘蛛可以追踪蚂蚁留下的信息素，跟随宿主蚂蚁一同迁移巢穴。

封闭的蚁巢很可能降低蚁客的遗传多样性。但事实上，研究发现蚁客蜘蛛也会在不同的蚁巢间迁移来降低这种危害。同时，封闭的蚁巢也为物种的分化和进化带来了更多可能，一些新的分类单元在蚁巢中分生而出。比如 2019 年的北美新蜘蛛科——伴蚁蛛科 Myrmecicultoridae，被发现与几种切叶蚁共生在一起。

蠹客类似于蚁客，但在蜘蛛中被发现的较少，其寄主为白蚁，在园蛛科、蟹蛛科和卵形蛛科中有过记录。但园蛛科和蟹蛛科的记录各只出现过一次，其是否是真正的蠹客蜘蛛还有待考证。

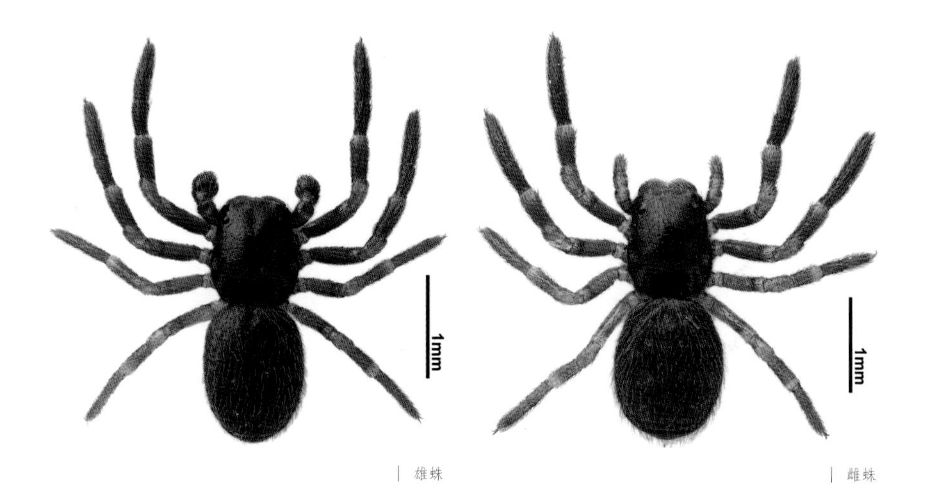


雄蛛　　雌蛛

| 蚁栖壮蟹蛛 *Stiphropus myrmecophilus*（何枫 摄）

## » 5. 蜘蛛的拟态，及拟态蜘蛛的生物

### (1) 拟态外部环境

一些蜘蛛会通过拟态其生活环境中的元素来躲避天敌的搜索，或方便伏击猎物。这类蜘蛛要么通过自身生长成被拟态物的形象（颜色或形状），要么通过用环境中的材料修饰自身来达到此目的。前一类中最多的拟态对象是植物，后一类主要模仿地表小环境。拟态植物的情况在蜘蛛中有丰富的变化，它们会模仿植物的不同部位：拟态树叶（园蛛科的锥头蛛属 *Poltys* 部分种类、尾园蛛属 *Arachnura* 等）、树皮（园蛛科的扁园蛛属 *Dolophones*、巨蟹蛛科的盘蛛属 *Pandercetes*、长纺蛛科 Hersiliidae、蟹蛛科的泥蟹蛛属 *Borboropactus* 等）、树干上的瘤突（园蛛科的平额蛛属 *Caerostris*、驼蛛属 *Cyphalonotus*、锥头蛛属 *Poltys* 部分种类等）、树枝、花、果实等。第二类，通过用环境中的材料修饰自身以达到拟态的，见于蟹蛛科的羽蟹蛛属 *Oxyptila*；原蛛下目的鳞毛蛛科；无齿蛛科 Homalonychidae；拟平腹蛛科的 *Crytothele*。这些蜘蛛基本在地表生活，一般通过特化的鳞状毛将环境中的土壤、苔藓等材料镶嵌、固定在体表。

| 树枝上的蟹蛛（陈久桐 摄）

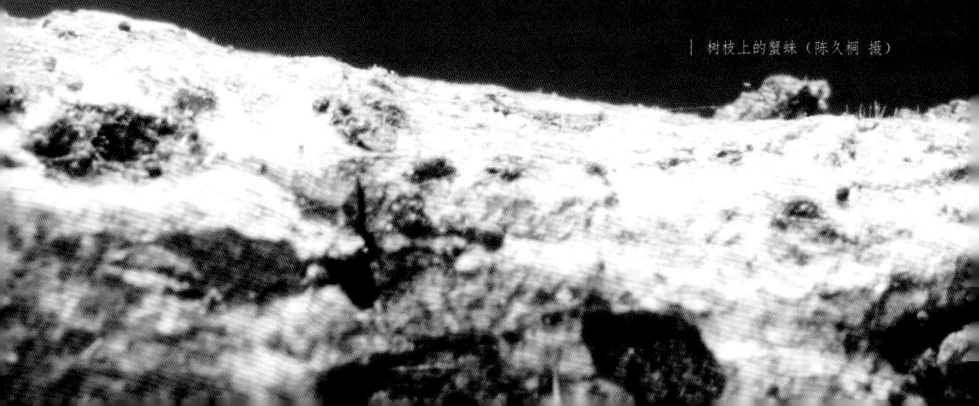

a. 长妩蛛 *Miagrammopes* sp.（陈久桐 摄）
b. 拟态植物的园蛛，可能为锥头蛛属 *Poltys*
c. 扁园蛛，在树皮上
d. 在树皮上的泥蟹蛛（陈久桐 摄）

| a | b | d |
| --- | --- | --- |
| c | | |

a. 在树皮上的泥蟹蛛（陈久桐 摄）
b. 艾蛛及其匿带
c. 长纺蛛在树皮上（陈久桐 摄）
d. 钟巢钟蛛的巢穴（杨垚 摄）

a. 艾蛛及其匿带
b. 地蛛及其管状网
c. 砂蟹蛛的保护色

此外，还有一些蜘蛛对网或巢穴进行了修饰，可能是对环境的拟态。如地蛛科的地蛛属 *Atypus* spp.，其管网附着在树根、石块上，粘有泥土和苔藓，形似树根；螲蟷科、节板蛛科等在洞口覆盖活盖，以使巢穴看起来与地表无异；球蛛科的钟巢钟蛛 *Campanicola campanulata* 使用沙石粒做巢藏身其中；园蛛科的艾蛛属 *Cyclosa* 的一些种类将环境中的碎屑、食物残渣粘在网上，形成供其躲藏的匿带。

拉土蛛 *Latouchia* sp. 的巢穴及活盖（杨莛 摄）

### (2) 拟蚁和拟态蚁蜂

和蚁栖的目的在某方面类似，蜘蛛拟蚁也常常是为了利用后者的威慑。拟蚁蜘蛛常常从形态或步态某一方面或兼而有之来模仿蚂蚁。拟蚁蜘蛛最多见于跳蛛科与圆颚蛛科。形态上，这些蜘蛛会通过不同的方式拟态蚂蚁：跳蛛科的蚁蛛属 *Myrmarachne* 的种类往往在腹部具有缢痕，以模仿蚂蚁身体的结节，其中一些种类直接以自己的头部模仿蚂蚁的头部，而部分种类在螯肢前端生有大的结节来模仿蚂蚁的头部；圆颚蛛科的马氏斑布蛛 *Pranburia mahannopi* 则在第一步足腿节远端生有特化的毛簇，通过并拢步足以模仿蚂蚁的头和触角；南美的圆颚蛛 *Sphecotypus niger* 拟蚁程度更为强烈，其腹部甚至

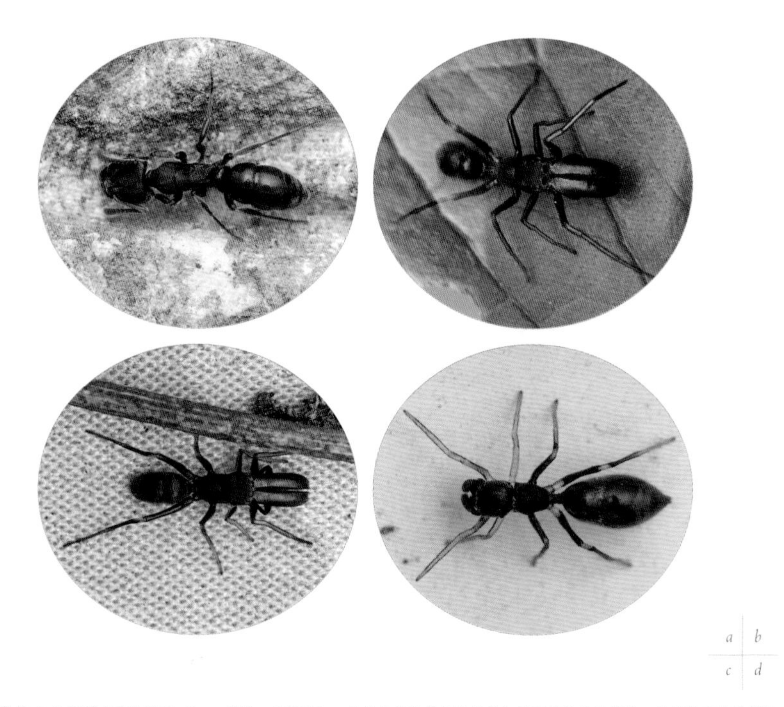


与猛蚁（a）同域分布的蚁蛛（b、c 雄蛛；d 雌蛛）。蚁蛛的头胸部与腹部衍生了不同程度的缩缢，以模仿蚂蚁的形体；雌蛛的触肢扁平化形似蚂蚁的颚；腹部上隐约的斑纹看起来如同蚂蚁的分节。

拟态出了蚂蚁的体节。形态上模仿蚂蚁的蜘蛛，往往在步态上也会模仿蚂蚁。还有一些蜘蛛并没有在形态上形成精巧的伪装，外观只是略像蚂蚁，主要通过模仿蚂蚁的步态来拟蚁，这类的代表是平腹蛛科的小蚁蛛属、圆颚蛛科的心颚蛛属。研究发现帽佩卡蛛 *Peckhamia picata* 通过拟蚁降低了被 4 种天敌跳蛛捕食的概率，拟蚁跳蛛被捕食的概率不到普通跳蛛的三分之一。天敌跳蛛似乎在掠食的早期阶段就自动排除了捕食拟蚁跳蛛。一些拟蚁蜘蛛也兼有食蚁习性，如模仿龟蚁 *Cephalotes atratus* 的蟹蛛 *Aphantochilus rogersi* 以龟蚁为食；拟态黄猄蚁的大头蚁蟹蛛 *Amyciaea forticeps* 以黄猄蚁为食。

还有一些蜘蛛以蜂为拟态对象，即拟蜂（*wasp mimicry*）。圆颚蛛科纯蛛亚科的科恩蛛属 *Coenoptychus*，以及部分纯蛛属 *Castianeira* 的种类以蚁蜂为拟态对象。跳蛛科的少数种类，如宽胸蝇虎属的 *Rhene flavicomans* 则拟态的是黄蜂。拟蜂的目的是类似的。

### (3) 拟态甲虫

部分蜘蛛会拟态甲虫。一些蜘蛛模仿瓢虫（*ladybird mimicry*）：园蛛科的瓢蛛属 *Paraplectana* 拟态瓢虫的成虫；跳蛛科的尾跳蛛属 *Uroballus*（该属也可能模仿的是鳞翅目幼虫）、新贝塔蛛属 *Neobrettus* 的部分种类则可能模仿的是瓢虫的幼虫。瓢虫所释放的难闻化学物质使天敌们都避之不及，这可能是导致蜘蛛拟态它们的最大原因。跳蛛科中 *Coccorchestes* 属的模仿对象是象甲，*Pachyballus* 属也被认为拟态甲虫，但其具体拟态对象是何种甲虫尚不清楚。

| 拟态瓢虫的瓢蛛（陈久桐 摄）

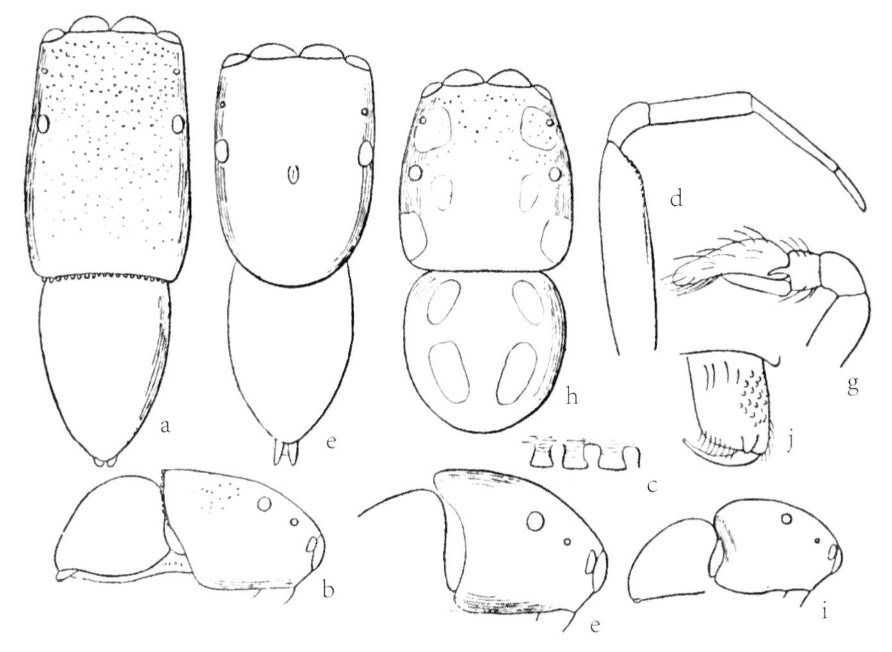


| Simon E. 在 1901 年出版《Histoire Naturelle des Araignées》中的跳蛛图版，a ～ d 图描绘的是拟态象甲的 *Coccorchestes rufipes*

### (4) 拟态动物的排泄物

拟粪蜘蛛多为园蛛科与蟹蛛科的种类，拟态对象基本为鸟粪。蜘蛛可以通过拟粪欺骗天敌或吸引猎物。常见的拟粪蜘蛛有蟹蛛科的瘤蟹蛛属、园蛛科的乳突蛛亚科 Mastophorinae（广义含 *Celaenia* 属、*Cladomelea* 属、*Exechocentrus* 属、瘤腹蛛属 *Ordgarius*、乳突蛛属 *Mastophora*）、曲腹蛛属 *Cyrtarachne*、菱腹蛛属 *Gasteracantha*。一些瘤蟹蛛会专门寻找鸟类粪便，潜伏在其上或周围。

*a*
*b* | *c* | *d*

a. 曲腹蛛，拟粪（陈久桐 摄）
b. 瘤腹蛛，拟粪
c. 诈瘤蟹蛛 *Phrynarachne decipiens*，拟粪
d. 曲腹蛛，拟粪（陈久桐 摄）

### (5) 攻击型拟态

在蜘蛛中，存在几种不同类型的攻击型拟态：

①食蛛性蜘蛛的攻击型拟态：包括二纺蛛总科的古蛛科、跳蛛科散蛛亚科的部分成员、拟态蛛科、球蛛科双刃蛛属等。这类蜘蛛通常通过振动、触碰等方式制造猎物撞网的假象，诱骗猎物蜘蛛上前，然后突然对其发动进攻。②针对访花昆虫的攻击型拟态：多见于蟹蛛科的蟹蛛亚科，一些蟹蛛在颜色、形态上拟态花或花附近的叶片，并在之上等待、伏击访花昆虫。③攻击型化学拟态：即模拟化学信号诱骗猎物，以达到捕食的目的。蜘蛛中最典型的攻击型化学拟态者是园蛛科乳突蛛亚科 Mastophorinae 的瘤腹蛛属 *Ordgarius* 和乳突蛛属 *Mastophora*，这类蜘蛛不结圆网，取而代之分泌以丝牵挂着的黏液球，黏液球中含有与蛾类求偶分泌物的类似化合物，蜘蛛通过甩动黏液球模拟雌蛾来回飞舞的效果，并使化合物快速挥发，导致雄蛾被吸引上钩。根据日本学者的描述，蟹蛛科的瘤蟹蛛属也可以释放气味进行攻击型化学拟态，但 1999 年的一项研究表明锡兰瘤蟹蛛 *Phrynarachne Ceylontica* 这方面的行为并不显著。因此，可能只是部分种类会释放气味。根据笔者观察，诈瘤蟹蛛在饥饿状态下会散发出类似鸟粪的气味，但具体的原理尚不明确。

在花旁伏击访花昆虫的蟹蛛

六刺瘤腹蛛

舞蛾，将翅膀抬起

舞蛾，翅膀上具有拟态跳蛛的眼斑

### (6) 拟态蜘蛛的生物

一些生物会通过拟态蜘蛛来避免被捕食。这类生物拟态最多的对象是跳蛛。跳蛛是潜叶昆虫的主要天敌之一，但遇到同体型的同类，跳蛛往往会避开行走。因此，模仿跳蛛可能可以减少拟态者被跳蛛捕食的概率。在蜡蝉、蛾类、啮虫、蜚蠊、蝇中，都有拟态跳蛛或可能拟态跳蛛的种类。跳蛛拟态者通常会在翅膀或身体上形成眼斑及蜘蛛步足的形象，有些依靠身体的疣突、隆起形成假眼；草螟科 *Ambia* 属的部分种类在翅上具有 4 对步足状斑纹；舞蛾科 Choreutidae 的许多种类在前翅外缘生有眼斑，有的还会按跳蛛的眼式排列，并带有步足状的花纹。在遇到危害时，舞蛾会将翅膀抬起，使翅膀上的斑纹朝向正面。

# 第6章

## 蜘蛛的文化

Spider

## 一、蜘蛛在中国古代的吉祥寓意

“蜘蛛集而百事喜”—— 如今的蜘蛛爱好者们对于这句出自《西京杂记》的短句，早已耳熟能详。在古人眼中，蜘蛛的寓意相当吉祥。

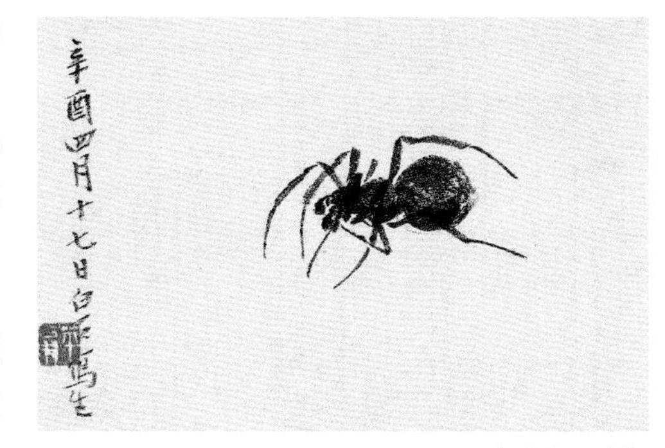

齐白石《喜蛛》

蜘蛛有“喜子”“喜母”的别称，这类称法在魏晋时期就有：三国荆州河内（今河南省一带）人称蜘蛛为“喜母”；晋人郭璞《尔雅注》里将长腿的小型蜘蛛称为“喜子”。依据《说郛·采兰杂志》对这几个名称起源的解释，蜘蛛落在衣上预兆着母子重逢，落在母亲衣上的蜘蛛被称为“喜子”，落在儿子衣上的则被称“喜母”。在民间，蜘蛛落衣衍生了更多象征，它不仅预示母子重逢，更代表着亲客将至、好友来访、喜事降临。此外，民间流传“早见蜘蛛报喜，晚见蜘蛛报财”的说法，还有“蜘蛛吊，财神到”的俗语，说明了人们也将对财富的期望寄托给了蜘蛛。

足型的木雕上雕刻蜘蛛，寓意“知足者常乐”（郑大木 刻）

| 石雕

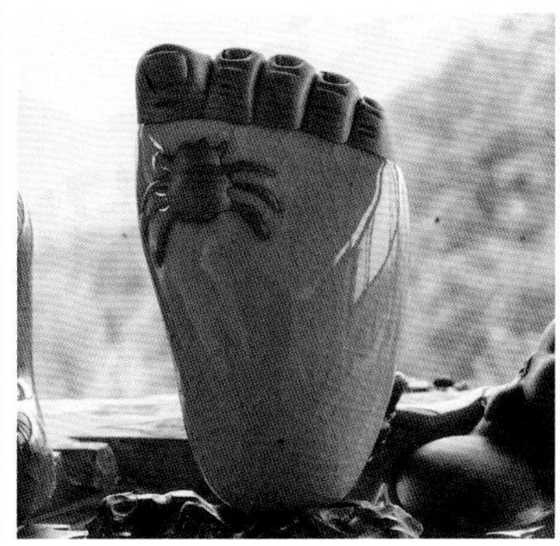

| 瓷雕

古代讲求妇功，七夕时，妇女必向织女乞巧（即乞求高超的纺织能力），这项节日活动中就用到了蜘蛛。李商隐的《辛未七夕》里有一句“岂能无意酬乌鹊，惟与蜘蛛乞巧丝”，体现的便是“喜蛛乞巧”的风俗。“喜蛛乞巧”的风俗在南北朝时期就有过记载：七夕当天，人们要把瓜果放在院子中，若有蜘蛛在其上结网即为乞巧成功。到了唐朝，这项活动更为盛行，活动形式也发生了改变：妇女们各自捕捉蜘蛛关进小盒，次日早上以蛛网的疏密程度来区分高下。后世乞巧多数沿袭的是唐朝旧俗，但随时间推移和地域差异，这项活动的形式也分化出些许不同：五代，洛阳人把蜘蛛是否在网上结出“卍”字作为了标准；至宋朝，也出现了观察蛛网圆正与否的验巧方法。

| 蛛丝乞巧（李晔 仿绘）

## 二、蜘蛛在外国古代的吉祥寓意

### » 1. 古罗马阿拉克涅的故事

Arachnida 是蛛形纲的学名，其词源来自 Arachne。Arachne（阿拉克涅）是古罗马故事中挑战弥涅瓦女神的天才织工，在故事的最后，她变成了一只蜘蛛。

这个故事有几个不同的版本，它最早起源于古罗马诗人奥维德的《变形记》。阿拉克涅是吕底亚染匠伊德蒙的女儿，精于纺织。阿拉克涅常常吹嘘自己的纺织技巧，声称自己的技艺并非师从女神弥涅瓦，并认为自己已经超越了她。弥涅瓦对她的傲慢非常不满，便装扮成老妇警告阿拉克涅，想让她向神明请求宽恕。不料，阿拉克涅变本加厉地挑衅，弥涅瓦一怒之下卸下伪装，和她展开了纺织比赛。阿拉克涅的作品编绘了弥涅

| 阿拉克涅（李晔 仿绘

瓦的父神朱庇特多次欺骗、诱拐女性的丑态，并且，这件作品的纺织水平高超于弥涅瓦。弥涅瓦恼羞成怒，撕碎了阿拉克涅的作品，并用手里的梭子敲打阿拉克涅的头。阿拉克涅气急败坏，想到上吊自杀，但弥涅瓦心生怜悯不让她死，用地府的毒草将她变成了一只终日纺织的蜘蛛，作为对于她的惩罚。

在詹姆斯·鲍德温（James Baldwin）的《古希腊神话故事》里，结局则是阿拉克涅完败于女神，按照约定永世不得再触碰织布机。念在不能纺织的阿拉克涅无比痛苦，女神用神杖将她变成蜘蛛，这样阿拉克涅即使不碰织布机也可以纺织。

另一些流传的版本里，阿拉克涅的名字被混淆成阿尔克墨涅（Alcmene），阿尔克墨涅是希腊神话中底比斯国王安菲特律翁之妻，与这个蜘蛛故事并无关系。

## » 2. 非洲的蜘蛛神话——阿南希的故事

阿南希（Anansi）的传说起源于西非加纳的阿善提地区。阿南希是一个人蛛嵌合的幽魂，他是语言技巧与智慧的化身，擅长编造谎言，也是故事之神。

相传，在人间还未有故事流传的时代，阿南希向天空之神（Nyame）提出要买下他拥有的所有故事。Nyame 开出的价码是用危险的巨蟒、豹子与黄蜂作为交换。阿南希使用狡猾的诡计捉住了这几种动物：他以帮忙量体长的理由欺骗巨蟒，用丝将它绑在树干上而擒获；让豹子坠入他挖的陷阱，再织一张网假装要救它上来，豹子钻进网中便被死死捆住；编造即将下雨的假象，诱骗黄蜂进入空葫芦避雨，待它们钻进后便将葫芦封住。阿南希将战利品带给 Nyame，获得了他所有的故事，成了故事之神。

另一个传说解释着世上智慧的由来。阿南希将世上的所有智慧收集在一个大葫芦里，为保护这些智慧，他决定把葫芦藏在森林的高树上。他的儿子远远跟随他进入了森林。阿南希把葫芦绑在了自己身前，因此他尝试多次都没能爬上大树。他的儿子看到后笑了起来，说："为什么你不把葫芦绑在身后呢？"阿南希意识到儿子是对的，但仍然非常生气，失手将葫芦摔在了地上。随着葫芦破裂，所有的智慧都掉落出来，被天降的大雨冲进河流和海洋，传播到世界各地。阿南希沮丧之余，还是接受了现实，他说："如果我的孩子都能纠正我的失误，那这么多智慧对我来说又有什么用呢？"

在一些地域性信仰中，阿南希被认为是太阳、月亮和星星的创造者。16 世纪以后，随着黑奴贸易，阿南希的传说也被部分传播到美洲。

| 阿南希（据《蜘蛛阿南希》重绘）（引子 仿绘）

## » 3. 美洲的蜘蛛神话传说

| 蜘蛛女（引子 绘）

北美洲本土起源的蜘蛛传说，以蜘蛛女最为著名。美国西南地区印第安民族（如 Pueblo 族、Hopi 族等）的神话中，蜘蛛女是一名创世者。关于她的传说很多，说法不一。一些故事中，蜘蛛女在自己织造的网上撒上露水，悬挂空中，于是露水变成了星星。祖尼族（Zuni）认为是蜘蛛女向自己的祖先传授了绳艺。密西西比河流域的乔克托人（Choctaw）传说里，蜘蛛女盗窃了火种，在其他动物拒绝学习用火后，火种被她传授给人类使用。加拿大和美国交界地区的奇佩瓦族（Chippewa）传说中，蜘蛛女为孩子们编织捕梦网，拦住噩梦和梦魇，让他们夜夜伴着好梦入眠。

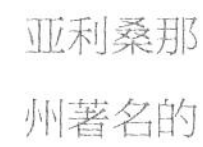

亚利桑那州著名的蜘蛛岩（Spider Rock）也是纳瓦霍族（Navajo）人以蜘蛛女之名命名的，他们相信蜘蛛女曾在大地震中救助过自己的祖先。

在南美洲，巴拿马到哥伦比亚一带的恩贝拉族（Emberá）和古纳族（Kuna）文化里，挖凿地洞的蜘蛛被认为是地狱之门的守护者，部落的巫师可以通过它们联系到冥界的祖先。这种传说在他们的莫拉艺术品里都有体现。

| 捕梦网（李晔 绘）

### » 4. 日本的蜘蛛传说——“络新妇”“土蜘蛛”

日本的“络新妇”算是一个较出名的蜘蛛传说。络新妇也被称为“女郎蜘蛛”，是一名被人用毒蛛杀害的美女的怨灵与蜘蛛合体幻化而成的妖怪，白天以女人的外形诱惑男子，晚上变为蜘蛛取走男子的头颅食用。江户时代浮世绘画家鸟山石燕绘制的《画图百鬼夜行》中描绘过络新妇的形象。如今，其也被用来命名了园蛛科的一个属（络新妇属 *Nephila*）。

另一个广为流传的日本蜘蛛怪谈是“土蜘蛛”（tsuchigumo）。传说土蜘蛛这种妖怪拥有人面、老虎身躯和蜘蛛腿，有时穿着巨大的衣服，住在山中捕食旅行者。14 世纪的《土蜘蛛记录册》一书中，土蜘蛛出现在京都。武将源赖光和他的手下在京都北部的山区遇见一个飞行的头骨。他们觉得可疑，便跟踪头骨来到一个妖怪聚集处。源赖光杀死其中一个女妖，沿路继续走到一个山洞。山洞中住着一只巨大的蜘蛛，便是此前他们遇见的妖怪的真身。一场恶斗后，源赖光挥刀砍下了蜘蛛的头，1990 个死者的头颅从蜘蛛体内滚落出来。

《平家物语》中土蜘蛛被写作“山蜘蛛”，这部书里记载的故事是：源赖光患疟疾卧床不起。期间有一个 2 米多高的奇怪僧人接近，并想用绳子擒住他。源赖光用他的宝剑“膝丸”砍伤了僧人，僧人遂逃跑。次日，源赖光带着四大天王一同追随僧人的血迹，来到北野神社后的一个土丘，找到一只一米多宽的巨型山蜘蛛。他们杀了这只蜘蛛，将它扔在河滩，源赖光的病即刻痊愈了。砍伤蜘蛛的宝剑“膝丸”也被他更名为“蜘蛛切”。

| 络新妇（李晔 仿绘）

## 三、蜘蛛与文化

### » 1. 我国的蜘蛛信仰文化和传说

我国的蜘蛛崇拜文化主要集中在西南地区，被认为和母系氏族母族观念有关。

侗族古代就有蜘蛛－日晕联合图腾，在侗族原始宗教“能傩”中，主神萨天巴是创世者，在天上她化身为日晕，地下化身名为“萨巴”的蜘蛛。侗族传统生命观里认为是蜘蛛将人类的灵魂、生命、姓名系结在了一起，因此，桂湘黔地区的侗寨也常见用青石板或鹅卵石铺就的巨型蛛网图案的鼓楼坪。荔波的白裤瑶人也崇敬并保护蜘蛛。相传蜘蛛教会了瑶族人缝衣织布，现今该族服饰上也有“米”字形的蛛网图腾。广西瑶族布努支系在幼儿满月的送背带仪式上会唱“请来金蜘蛛，又请来银蜘蛛，拜他们做外家，认他们做外婆……”的民谣。

我国侗、苗、瑶等少数民族还流行过蜘蛛占卜，巫师通过占卜过程中蜘蛛的朝向、动作、形态，结合日晕方位、色彩等变化，对未来进行预测。

我国贵州省凤冈县的杨家寨，寨民有祭祀蜘蛛的传统。寨子里几乎每家每户门上都悬挂、绘制了蜘蛛图腾。相传这里对于蜘蛛的信仰源于晚清时期。杨家寨的先祖杨复鳌为了躲避“追苗赶汉”的追兵，躲进一个山洞，碰巧洞口有只蜘蛛正在结网。追兵看到完整的蛛网，认为杨复鳌并没有进入山洞，便离开。杨复鳌因此逃过一劫，便从此供奉蜘蛛。

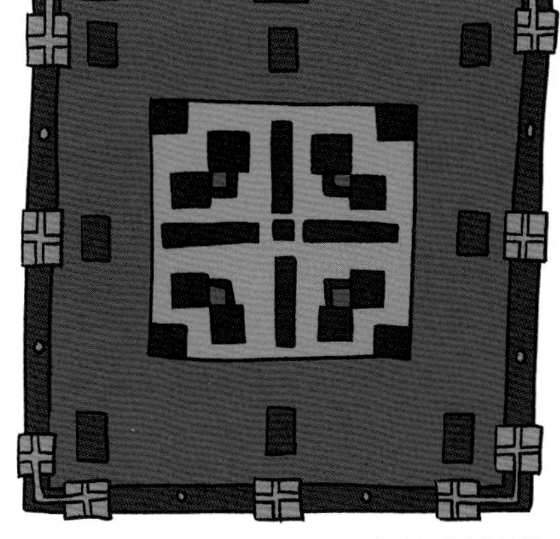

白裤瑶服饰纹样

## » 2. 文学作品中的蜘蛛

我国最早的诗歌总集《诗经》中就有了对蜘蛛的记录，《豳风·东山》里有形容房屋破败景象的一句“伊威在室，蠨蛸在户”，“伊威”指的是鼠妇，“蠨蛸”则指蜘蛛。在诗词创作风气盛行的唐宋时期，出现了更多关于蜘蛛的作品。其中有描写蜘蛛本身形态与行为习性的，如洪咨夔《蜘蛛》、郑清之《檐前蜘蛛》、贾似道《论蜘蛛形》等。也有掺杂叙事元素的——元稹《虫豸诗·蜘蛛》在对蜘蛛本身做了描写之后，还加入了一段蜘蛛咬人的情节。更常见者是以蜘蛛做比喻，且常常拿蚕与蜘蛛对比：孟郊写《蜘蛛讽》，借蚕与蜘蛛之名暗讽封建官僚主义的腐朽堕落（蚕身不为己，汝身不为佗），与自己对此的无奈（百虫虽切恨，其将奈尔何）；苏拯的《蜘蛛谕》则用蚕与蜘蛛明喻君子与小人，表达自己的道德谴责。

中国古代小说中最为出名的蜘蛛故事，应当属《西游记》第七十二回《盘丝洞七情迷本 濯垢泉八戒忘形》：住在盘丝洞的七只蜘蛛精捉住了唐僧，孙悟空为救师父勇铲七妖。这个故事也被改编成戏剧、影视等多种版本，到现在仍影响着许多中国人对蜘蛛的认知。

国外关于蜘蛛的文学作品也比比皆是。摇滚诗人鲍勃·迪伦写过散文诗集《狼蛛》；波德莱尔的《忧郁之四》里把脑中的恶念比作蜘蛛。瑞士作家戈特赫尔夫 1842 年创作的中篇小说《黑蜘蛛》讲述了一个关于人与魔鬼订立合约的故事：在一个封建村庄，村民们无力完成领主的剥削任务，便和魔鬼立约，用儿童的灵魂交换魔鬼的力量来完成任务。主人公克里斯汀娜为保护孩子的灵魂，试图毁约。因此魔鬼并未得逞，克里斯汀娜被魔鬼诅咒变成了杀人的蜘蛛。这个故事中的蜘蛛明确扮演了邪恶的形象。在被各种媒体改编传播后，蜘蛛作为反派的文学形象更进一步被加深。《指环王》小说中，邪恶怪物希洛布（Shelob）便以巨型蜘蛛的形象出现。J.K. 罗琳写的《哈利·波特》系列小说中的阿拉戈克（Aragog）是一只被海格收养的怪物巨蛛。当然，文学作品中也有正面的蜘蛛形象。1952 年由 E. B. 怀特创作的儿童小说《夏洛的网》就将蜘蛛夏洛塑造成了一个聪明善良的小英雄。美国的惠特曼也创作过《一只沉默而耐心的蜘蛛》一诗，把蜘蛛织网的行为上升到了哲学思考的高度。

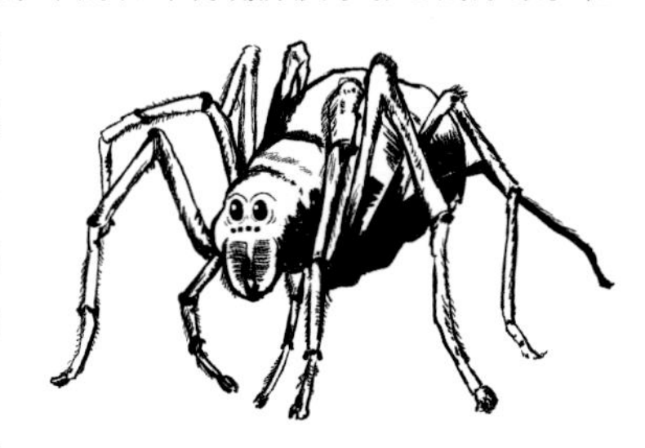

阿拉戈克狼蛛（据《哈利·波特》电影形象阿拉戈克重绘）（引子 仿绘）

## » 3. 美术作品里的蜘蛛

前文已讲过，蜘蛛在古代中国很早就有吉祥的寓意。而可能到唐代蜘蛛才开始作为祥瑞图案的主题。“喜从天降图”是描绘蜘蛛从上而下垂丝悬吊，腾空而降场景的传统祥瑞图案。传言“喜从天降图”开端于唐代小说家张鷟。张鷟有次出门，见到蜘蛛悬吊面前，高呼“喜虫天降”，此事传开后即被画家画为瑞图。这个传说有趣味性，但源头出处不可考 。“喜从天降”的图案多出现在民间画中，也有被绘制或雕刻在工艺品、器具上。国画大家齐白石曾以“喜蛛”与“喜从天降”为主题创作过多张国画。

日本传统浮世绘里也有蜘蛛形象，描绘的多是土蜘蛛的传说故事。西班牙超现实主义绘画巨子萨尔瓦多·达利的油画作品《傍晚的蜘蛛》里，有一只蜘蛛（实际画家可能是参照盲蛛画成的）伏在一个琴女变形的头颅上，带给人以诡厄、荒诞的画面感受。英国艺术家利奥诺拉·卡林顿创作于 1967 的油画《蜘蛛》上有一只大而肥胖的蜘蛛，蜘蛛身上被添加了一些宇宙与神话学的绘画元素。南美洲纳斯卡高原上已存在 2000 多年历史的纳斯卡大地画中，也有一张长约 50 米的巨型蜘蛛图案。它被认为可能和古代纳斯卡人的信仰有关，但时至今日它的具体意义和绘制方法还未被现代人类所了解。

美国雕塑家路易斯·布尔乔亚喜欢用蜘蛛的形象创作雕塑。她的《妈妈》系列作品是由青铜浇筑而成的巨型蜘蛛系列雕塑，被分散摆放在加拿大、日本、英国等数个国家。以纤细的腿撑起巨大体量的蜘蛛，被她用来传达女性自身的巨大能量。她还有《潜伏的蜘蛛》等多件蜘蛛作品。

《喜从天降》（齐白石 绘）

2011 年，英国政府从法国机械制造公司引进了一只 15 米长的机械蜘蛛，放置在利物浦的一栋大楼上，作为庆祝首都文化节的内容之一，但这只蜘蛛的出现引起了市民争议。

## » 4. 音乐作品中的蜘蛛

《塔兰泰拉舞曲》是匈牙利音乐家李斯特创作的名曲。这首曲子背后有一个有趣的故事——相传在意大利的塔兰托（Taranto）地区分布着一种名为塔兰图拉（Tarantula）的毒蛛，人被它咬伤后便会产生幻觉，不分场合地疯狂跳舞。这种现象，或谓之疾病，被称为“塔兰泰拉”。据说一旦有人“塔兰泰拉”发作，曾经的患者看到后也会一起加入跳舞队列。治疗它的唯一方法是让病人们伴着一种音乐继续跳舞，跳到他们筋疲力尽，使蜘蛛毒液被部分排解到体外。这种音乐便是后来《塔兰泰拉舞曲》的雏形。

滚石乐队在 1965 年也曾依据玛丽・休伊特的诗歌改编了歌曲《蜘蛛与苍蝇》；中国的草蜢乐队在其单曲《蜘蛛女之吻》中使用了蜘蛛的意象来暗示爱情的诱人与危险；日本女歌手中岛美嘉则唱过一首与芥川龙之介小说同名的《蜘蛛的丝》，用蜘蛛丝来指代“命运的线索”。《一只小蜘蛛》是美国经典童谣，歌词大致表现出一只蜘蛛反复努力攀爬水龙头的笨拙形象。这首童谣在蜘蛛恐怖电影《八脚怪》中被作为片尾曲，是导演故意营造的黑色幽默。

## 5. 影视作品中的蜘蛛

人们对于蜘蛛的主流印象欠佳，以至于将具象蜘蛛作为主题的影视作品多为恐怖、惊悚电影。由于受众较少，这类电影往往投入成本较低，在剧本或情节上缺欠考究，偏好以大尺度画面吸引观众，在蜘蛛形象的设计上也常常较为夸张扭曲。此类型电影中，艾洛伊·艾克汉姆导演的《八脚怪》还算得上是优秀者。尽管其情节上仍是蜘蛛变异袭击人类的老套路，但制片组在制作时请来了多位蛛形学家全程轮流指导，因此该片中涉及蜘蛛的种类、习性更为丰富；外观相对更为准确，对蜘蛛真实形象还原度较同类型其他电影高。电影整体没有过于大尺度的情节表现，同时还带有一定环保主义的色彩。此外，斯嘉丽·约翰逊的加入也为这部电影提升了人气。

改编自史蒂芬·金的同名小说的电影《小丑回魂》中，怪物小丑的真身形象就很像一只蜘蛛。美剧《爱，死亡和机器人》第一季第七集中也出现了一个专门迷惑星际流浪者的蜘蛛怪物。

但也并非所有关于蜘蛛的影视作品都是令人惊悚的。宫崎骏《千与千寻》中蜘蛛形象的锅炉爷爷就是一个善良和蔼的老头。2017 年起风靡网络的系列动画短片《小蜘蛛卢卡斯》中，小蜘蛛拥有粗短可爱的小脚、看起来水汪汪的大眼睛、奶声奶气的说话方式，以及友善乖巧的性格。事实证明，这种扬长避短的形象处理方式也赢得了大量观众的喜爱。

蜘蛛相关的电影中真正的人气之王应是《蜘蛛侠》系列。虽然蜘蛛侠最早是漫威的漫画形象，但真正被主流大众广泛认识并喜爱仍是其被搬上银幕之后。真实的蜘蛛形象在《蜘蛛侠》系列中几乎没有出现。影片将蜘蛛的优秀能力，如敏捷的跳跃与攀爬能力、织网的能力，抽象出来赋予主人公，使其成为超级英雄。

| 蜘蛛侠（据蜘蛛侠系列电影人物形象重绘）（李晔 仿绘）

| 金蛛属及其匿带（曲利明 摄）

## » 6. 其他文艺作品中的蜘蛛

以色列魔术师 Yigal Mesika 发明了“狼蛛”道具，用以表演悬浮术、隔空取物等魔术。这个道具的包装上印有一只墨西哥红膝蜘蛛（*Brachypelma hamorii*）。2013 年 10 月 30 日，中国吴桥国际杂技艺术节上，来自蒙古国的演员们身穿蜘蛛服饰，表演了多人杂技《蜘蛛——柔术》。

## » 附：蜘蛛相关的诗词

### 虫豸诗·蜘蛛

［唐］元稹

蜘蛛天下足，巴蜀就中多。
缝隙容长踦，虚空织横罗。
萦缠伤竹柏，吞噬及虫蛾。
为送佳人喜，珠栊无奈何。
网密将求食，丝斜误著人。
因依方纪绪，挂罥遂容身。
截道蝉冠碍，漫天玉露频。
儿童怜小巧，渐欲及车轮。
稚子怜圆网，佳人祝喜丝。
那知缘暗隙，忽被啮柔肌。
毒腠攻犹易，焚心疗恐迟。
看看长祅绪，和扁欲涟洏。

## 蜘蛛谕

[唐] 苏拯

春蚕吐出丝，济世功不绝。
蜘蛛吐出丝，飞虫成聚血。
蚕丝何专利，尔丝何专孽。
映日张网罗，遮天亦何别。
傥居要地门，害物可堪说。
网成虽福己，网败还祸尔。
小人与君子，利害一如此。

## 蜘蛛讽

[唐] 孟郊

万类皆有性，各各禀天和。
蚕身与汝身，汝身何太讹。
蚕身不为己，汝身不为佗。
蚕丝为衣裳，汝丝为网罗。
济物几无功，害物日已多。
百虫虽切恨，其将奈尔何。

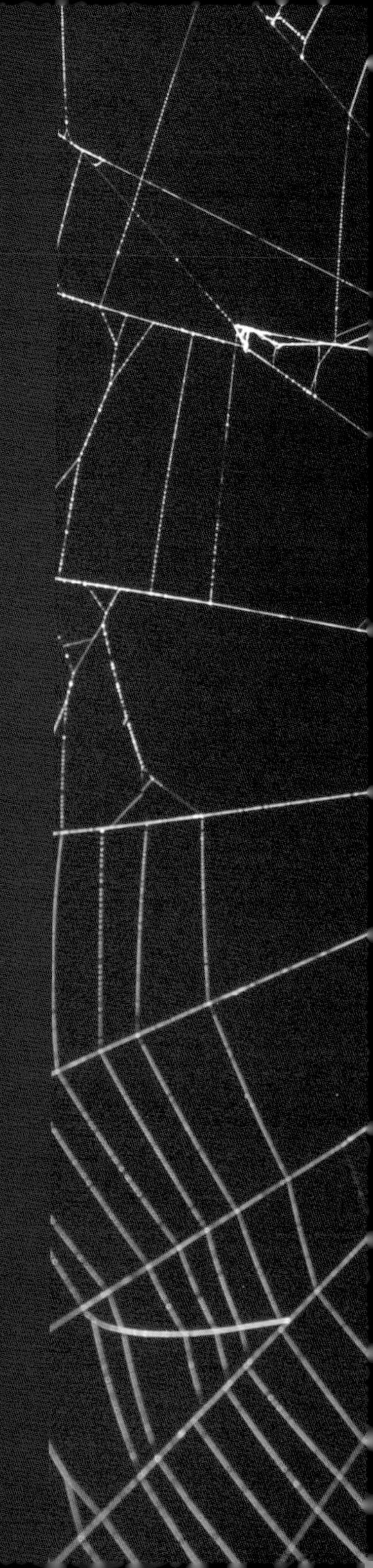

| 金蛛属及其匿带（曲利明 摄）

## 蜘蛛

［宋］洪咨夔

已迫斜阳欲坠时，谋身只怕脚行迟。
纵横笼罩大为网，首尾经纶浑是丝。
腹饱飞虫肥似瓠，喙工毒螫利於锥。
朝来猛被儿童扫，不放檐牙一点遗。

## 檐前蜘蛛

［宋］郑清之

如蚕吐纬逢萦缠，出没无踪屋陋边。
怀毒满身如蝎大，谩张罗网欲谩天。

一只无声的坚忍的蜘蛛

美国·惠特曼

一只无声的坚忍的蜘蛛，
我看出它在一个小小的海洲上和四面隔绝，
我看出它怎样向空阔的四周去探险，
它从自己的体内散出一缕一缕一缕的丝来。
永远散着——永不疲倦地忙迫着。
而你，啊，我的灵魂哟，在你所处的地方，
周围为无限的空间的海洋所隔绝，
你不断地在冥想、冒险、探索，
寻觅地区以便使这些海洋连接起来，
直到你需要的桥梁做成，
直到你下定了你柔韧的铁锚，
直到你放出的游丝挂住了什么地方，
啊，我的灵魂哟！

| 漏斗蛛及其蛛网（曲利明 摄）

| 园蛛及其蛛网（曲利明 摄）

# 第7章

## 从爱好者到专家

## 一、兴趣培养

### » 1. 通过科教纪录片了解蜘蛛

观看纪录片是最直观，也是最便于入手的学习途径。知名的有 BBC、国家地理频道、Discovery 探索频道等，蜘蛛已经多次出现在他们的镜头之下。《惊人蜘蛛》由国家地理频道于 2016 年发行，全片时长 44 分钟，从掠食、求偶、生境等多个角度展示了 10 类蜘蛛和 2 类其他蛛形动物，并加入多个慢镜头、三维动画，解构蜘蛛的行为与生理结构。《超级蜘蛛》也由国家地理频道发行，主要记录蜘蛛的行为，片中穿插着几位蛛形学家的讲解。《毛蜘蛛和里克·韦斯特》《毒蜘蛛家族》都以介绍大型捕鸟蛛为主。《蜘蛛猎人》采用的是叙事型的记录方式，讲述蜘蛛学家寻找各种蜘蛛的旅程，较有代入感。

### » 2. 通过书籍了解蜘蛛

可以阅读科普书籍初步了解蜘蛛。一些专业书籍里也有对于蜘蛛的综述，可供学习。可以参考《中国蜘蛛》《蜘蛛生物学》《中国动物志 蛛形纲 蜘蛛目 球蛛科》等专著。

### » 3. 户外观察蜘蛛

如果有充裕时间，也可到户外观察蜘蛛。近到小区的绿化带间、庭院的角落、砖石之下，远到郊外的田野间、山中、溪流旁，不同的生境中都有不同类型的蜘蛛，只要留心就会有所发现。观察时，可以携带一个放大镜，一把镊子，还可以带上相机拍摄记录。可以通过多个角度观察、记录蜘蛛：蜘蛛的外观构造、初步辨别蜘蛛种类、认识蜘蛛的不同网型、记录不同的生活环境，都是可行的切入点。现在也有许多自然教育旅行团或夏令营，可以选择有资质者报名参加。在野外观察蜘蛛时，应该养成尽量不用身体直接接触蜘蛛的习惯。如果观察过程中蜘蛛移动或逃跑，可以用镊子轻拨或轻镊蜘蛛使其归位。使用镊子时应该注意力度，尽量避免伤害蜘蛛。此外，出行较远处时，应当注意安全，尽可能避免独自活动。

### » 4. 室内饲养蜘蛛

相比于户外观察，室内饲养可以使我们更便捷地观察蜘蛛。不同种类的蜘蛛需要不同的饲养环境，因此，在饲养具体种类之前应当充分查阅该种生存需要的条件。具体来说，蜘蛛需要的生存条件主要分为以下几类：①温度；②湿度；③饲养环境；④食物的类型。通常，25℃ ~ 29℃的温度区间可以养好大部分蜘蛛。而饲养湿度需要因种而异，比如生活在沙漠地区生活的刺客蛛往往不能适应高湿度的饲养环境，而栖息在热带到亚热带森林的大疣蛛则很容易由于饲养环境过于干燥而脱水死亡。饲养环境是指具体蛛种生活必需的小环境，比如饲养拉土蛛、地蛛等穴居蜘蛛时，需要提供足够深厚的土壤供其掘洞，而饲养树栖蜘蛛则最好为它们提供树皮以及充分的垂直空间和环境；有时饲养一些蜘蛛还需要准备特定的躲避洞。可以在满足蜘蛛基本生存需求的条件下，对饲养环境进行丰容，比如添加植被、造景等。而对于食物类型，市面上能买到的多数饲料，如黄粉虫、大麦虫、蟋蟀、果蝇等，可以满足绝大多数非专食性蜘蛛。而对于某些具有一定专食性的蜘蛛，需要准备特殊食料，比如饲养拟态蛛，最好可以提供小型结网蜘蛛供其捕食。

饲养蜘蛛的容器应当依据蜘蛛的体型使用，使蜘蛛有充分的空间活动，尤其对于结网蜘蛛，更要有足够空间使其结网。另一方面，饲养容器又应当选择防逃性较高者。饲养容器应当充分通风，但通风口的直径尽量不应大于蜘蛛背甲宽度的 1/2，以防蜘蛛钻出逃逸。一般来说，多数蜘蛛可以接受 1 周 1 次的投食与喷水频率。在蜘蛛吃完猎物后，应当及时挑拣出其吃剩的残渣，以防其变质污染饲养环境。对于需水量大的蜘蛛，可以在饲养容器里放置水盆或水碗，使其中保持干净的蜘蛛饮用水。一些低毒性、低攻击性的宠物捕鸟蛛，以及跳蛛类，较为适合新手饲养。

## 二、爱好者进阶

本节主要为爱好者提供一些可行的发展方向与方法。

### » 1. 自然观察者 / 生态摄影师 / 显微摄影师

现在有越来越多的人成为自然观察者或生态摄影师，他们常在野外观察、记录物种和它们的生活环境，其中一部分人以蜘蛛作为主题。自然观察者与生态摄影师的工作大有意义，往往自然记录和生态摄影可以为科学研究提供重要的信息，因此，一些科学家也会和他们合作。Nicky Bay 是出名的新加坡生态摄影师，蜘蛛在他的作品中占很大比例，他个人也会与新加坡的研究者合作。他的个人网页是 www.nickybay.com，有大量个人作品可供观赏学习。

如果不便户外调查，也可以尝试在家中练习显微摄影，可以参考英国摄影师 Levon Biss 的作品（个人网站 www.levonbiss.com）。他的照片以昆虫为主，也有少量蜘蛛，照片中的动物拥有丰富的细节。目前从事显微摄影的人尚不多，也未见专职拍摄蜘蛛者。

#### (1) 采集蜘蛛标本

外出采集标本前应该学习不同类群的采集方法，并准备充足的采集工具和容器。

**常用的蜘蛛采集方法**

①搜索法：最常用的方法。翻开石块、树皮、朽木、叶片等蜘蛛喜好躲避的场所，见到蜘蛛直接镊取、捕捉。此方法针对的蜘蛛类型较为广泛。

②筛网法：用筛网下接网兜，将落叶和其下的土壤铲进筛网来回筛动，再在网兜中被筛出的渣土里寻找蜘蛛。此方法主要用来采集落叶层蜘蛛。

筛网（汤亮 摄）

③振落法：用布在树下承接，利用一些蜘蛛的假死行为，在上方敲打树木使其掉落布上，再挑拣。此方法也主要针对树栖蜘蛛。

④陷阱法：将一次性塑料杯埋入土中，使杯口与地面齐平。在其中倒入洗洁精水，使爬过的蜘蛛跌落溺入，过一至两周检查，取出其中的蜘蛛。这个方法对于地面活动的蜘蛛较为有效。

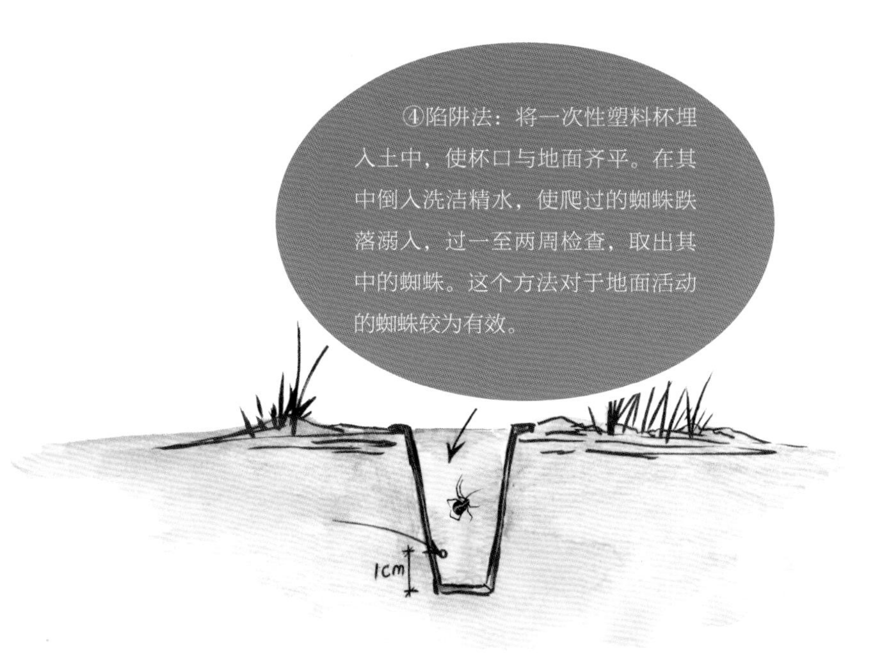


⑤网捕法：使用扫网在植物间来回扫采，再在网兜中挑选蜘蛛。此方法主要针对在灌丛、树冠生活的蜘蛛。

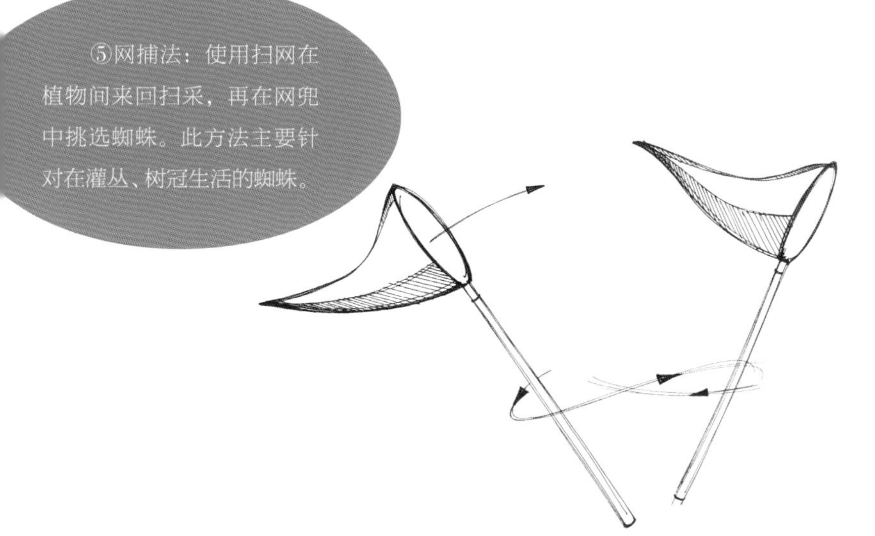

## 采集蜘蛛常用工具

①镊子：有圆、尖、扁、钳、直、弯等多种类型和长短型号。依据采集的需要与个人的习惯选择。

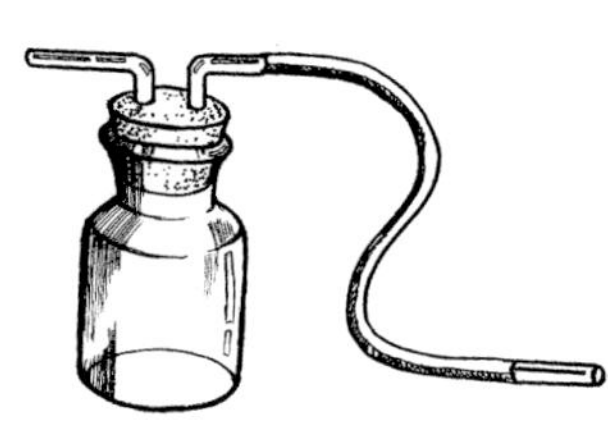

②吸虫管：主要用来吸取不便直接镊取的小型蜘蛛。

③毛笔、小刷：也用来采集小型蜘蛛，可以直接将蜘蛛扫进容器，也可以用其蘸酒精粘蛛入瓶。

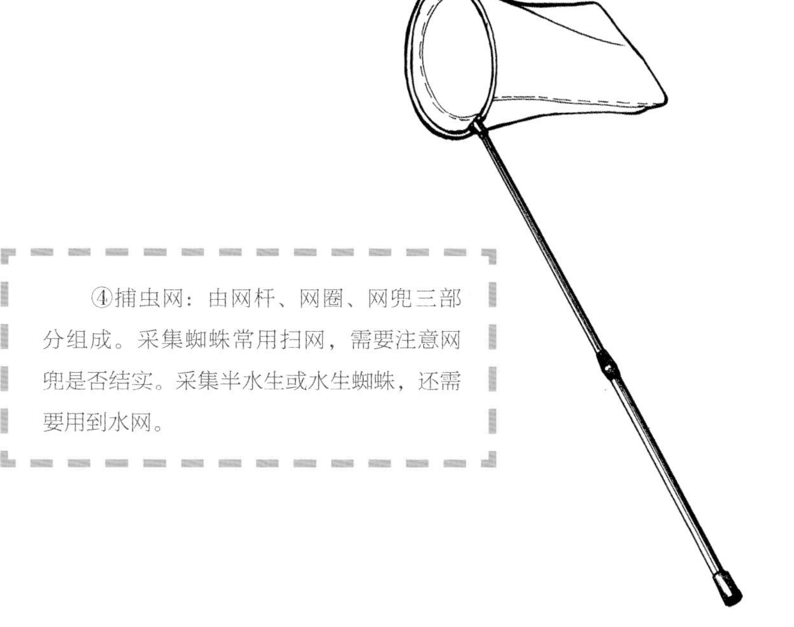

④捕虫网：由网杆、网圈、网兜三部分组成。采集蜘蛛常用扫网，需要注意网兜是否结实。采集半水生或水生蜘蛛，还需要用到水网。

⑤筛网：筛网孔以宽 15 毫米以内为宜。采集落叶层蜘蛛时常用。

## 常用收集容器

①离心管：型号多样、密封性好，是采集蜘蛛最常用的容器。盛装活体蜘蛛的离心管最好提前打孔，避免蜘蛛窒息。放置标本的离心管应盛半管酒精，用来杀死蜘蛛并暂时保存。

②自封袋：优点是轻薄，方便携带，缺点是袋子弯折后容易挤伤蜘蛛。此外自封袋应选择厚度大的，避免一些蜘蛛咬破逃逸。

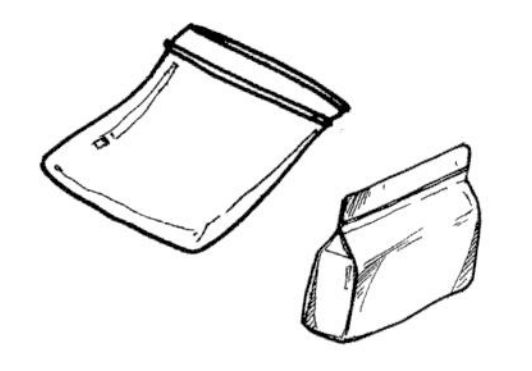

③密封盒：优点在于结实耐用，用途多样，可以放置大型的活蜘蛛，也可以用来集中盛放自封袋包装的浸制标本。缺点在于可塑性低、较笨重、占空间。

④一次性饭盒、酱料杯：因为密封性不良，主要用来装活体蜘蛛，不能盛装酒精。有多种大小款式可以选择，且可以套摞，多个携带。缺点主要是比较脆弱，放在包中需要注意不能大力挤压。

(2) 制作与保存

蜘蛛的标本制作分为浸制与干制两大类。蜘蛛身体较为柔软，风干很容易使蛛体变形，腹部皱缩，难以解剖，因此蜘蛛标本主要用浸制法保存。干制法多被用于制作大型的观赏用途的蜘蛛标本。

浸制蜘蛛标本的制作方法较为简单，一般是用 75%-95% 酒精直接浸泡蜘蛛。多数浸制标本不需整姿，但少数出于展示目的的浸制蜘蛛标本，可使用铜丝等将蜘蛛固定于玻片上整姿，再泡入瓶中。应当注意，盛放浸制标本的容器必须密封，以防止酒精过快挥发。有些标本被浸制较长时间后，其浸制液会变黄或变暗，这是由于标本体内的一些色素及油脂溶解在酒精中所导致的，因此，应当定期更换酒精。

干制蜘蛛标本的制作分为以下几个步骤：①去除标本腹部内容物，以防止过多的内容物腐败。具体做法是在蜘蛛腹部下方做一小的开口，将腹部里的器官和组织镊取出，并使用酒精尽量清洗干净。②填充腹部。在去除内脏后，可使用脱脂棉从开口塞入，使蜘蛛腹部膨大至美观的程度。③整姿。依据标本的姿势需要，利用昆虫针等支架物摆出理想的标本姿势。④阴干。⑤脱脂。一些标本阴干后可能出油导致标本变黑变臭，可以使用香蕉水、丙酮等有机溶剂适当冲洗、浸泡以去除油脂。⑥装框保存。可与除虫剂和干燥剂共同保存。

| 标本和标签共同保存

此外，将详尽的标本信息做成标签与标本共同保存。标本信息包括采集信息、保存条件（酒精浓度等）。采集信息则至关重要，尽可能包含详细的采集地名、经纬度、海拔、采集时间、采集人、生境等内容。标签纸应当尽可能挑选质量较好者，以防被酒精浸毁，目前，市面上已经有一些被专门生产用于酒精保存的标签用纸。不论是打印还是手写标签，一定要注意采用不溶于酒精的墨水，避免标签褪色、字迹不清。

### (3) 鉴定标本

确定所得到的物种，需要通过鉴定。一般可按照科、属、种的顺序流程进行鉴定。可以在世界蜘蛛名录（wsc.nmbe.ch）下载分类学文献学习。常见科较容易鉴定，通过一段时间学习后，就可循眼式、足式、体态等外观特征大致辨识。涉及属、种的鉴定，许多类群需结合生殖器等微观特征，应当解剖。简单解剖蜘蛛需要准备解剖镊、解剖针，初学要尽量小心不要破坏结构。雌蛛的生殖器被解剖后，常会粘带脂肪等组织，导致结构不能被直接看清，因此可以用蛋白酶对其做清理。解剖下来的器官、组织可以放在体视显微镜下观察，并与文献比对，进行鉴定。一些老文献中，插图质量欠佳、描述模糊，容易导致误定，对于此类可以联系相关类群的专家询问、鉴定。

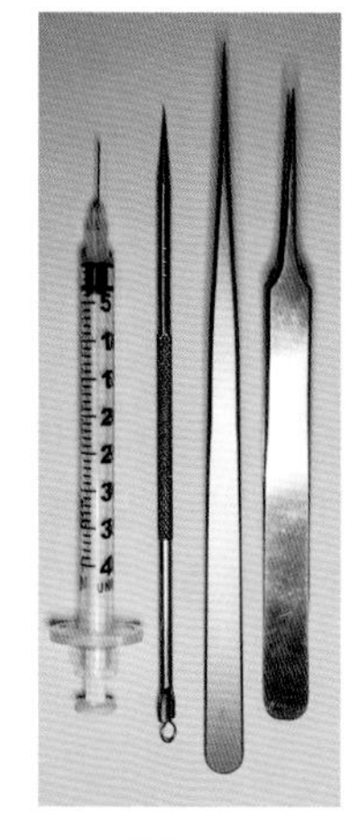

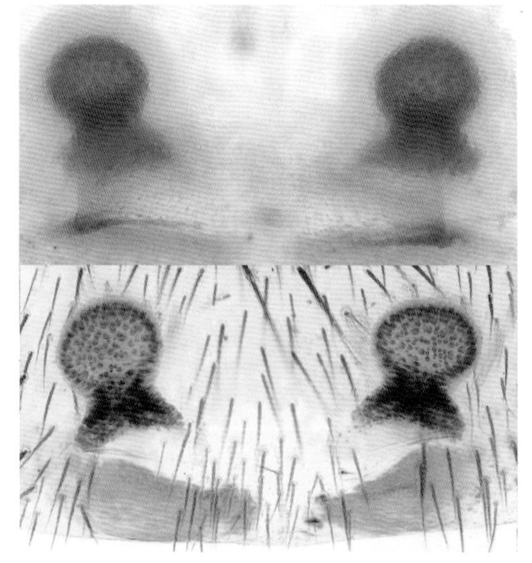

a | b
c

a～b. 常用蜘蛛解剖器具
c. 拉土蛛雌性生殖器，胰蛋白酶处理前后

## 三、蜘蛛科研

经过一段时间的学习，可以将得到的知识、经验初步系统化，尝试进入学术研究的范畴。下文归纳了蜘蛛研究中出现的一些学科与方向，以供参考。

### » 1. 形态学（Morphology）与生理学（Physiology）

形态学研究生物的形态结构，包含大小（size）、形状（shape）、方位（orientation）、物理性能（physical property）等元素。因为研究方式与研究目的的差异，形态学产生了许多分支，如比较形态学、功能形态学、几何形态学、实验形态学等。蜘蛛生理学研究的则是蜘蛛活体系统中的理化性质与功能活动。

### » 2. 分类学（Taxonomy）与系统发育学（Phylogeny）

分类学与系统发育学是整理生物分类地位与演化关系的学科。

在蜘蛛研究中，形态分类学以形态特征作为手段划分蜘蛛类群。但由于演化十分复杂，存在大量趋同性状，仅凭借形态手段已经不能满足当代研究需求。目前分子手段在分类学中的应用愈来愈多。系统发育研究，通过核酸、蛋白等分子证据建立进化树，可以分析进化地位、估计分歧时间、计算进化起源，相对传统形态分类更可靠。

### » 3. 行为学（Behavior）

研究蜘蛛的行为机制、成因以及蜘蛛的生活史。行为学的研究意义丰富，可以对蜘蛛的进化研究起到辅助与参考、为仿生学提供理论基础与思路。现在，许多蜘蛛的习性与行为问题并未被充分解决，行为学仍大有研究空间。

### » 4. 生态学（Ecology）

研究蜘蛛与其周围环境的相互关系。蜘蛛种类多样，出现在各种生境，成为生态系统里随处可见的一环，因此蜘蛛很有生态学研究价值。此外，蜘蛛生态学研究也有丰富的现实意义，研究成果在农业病虫害防治、防控有害生物入侵等领域都有应用。

### » 5. 生物地理学（Biogeography）

生物地理学的综合性较强。在蜘蛛研究中，生物地理学主要研究蜘蛛在时间、空间两个维度上的分布特点与规律，与其成因及演变。生物地理学的研究可以解释一些蜘蛛的特殊分布格局，为物种分化研究提供思路，也给关于地球演化的地理假说提供了证据。

### » 6. 毒理学（Toxicology）与材料学（Materials science）

此两类都偏向于应用科学。蜘蛛毒理学主要研究蜘蛛毒素的理化性质、作用与应用。蜘蛛毒素具有一定药用前景，目前国内外从事蜘蛛毒理学研究的学者已有很多。蜘蛛研究中的材料学主要以蛛丝为对象，研究蛛丝的理化性质，用以开发新型材料。

### » 7. 生物信息学（Bioinformatics）

生物信息学是生物学与计算机科学相结合的新学科，也是目前的一大热点学科。目前的生物信息学以组学（基因组学、蛋白质组学）为研究重点，收集遗传数据，通过核酸与蛋白质的序列分析其中表达结构、功能的生物学信息。

# 第8章

## 常见蜘蛛欣赏

Spider

## 新蛛下目 - 管巢蛛科 Clubionidae

2 爪类蜘蛛。眼式 4-4 排列，多数种类体色较单一，呈淡黄色或黄褐色，无明显斑纹。游猎型蜘蛛，喜夜行。由于其常在树叶间、树皮或石块缝隙处做管状或茧状的丝巢而得名。

a. 管巢蛛属 *Clubiona* sp.（陈久桐 摄）
b. 双羽管巢蛛 *Clubiona bipinnata*（雌蛛，陆千乐 摄）
c. 雪山管巢蛛 *Clubiona asrevida*（雄蛛，陆千乐 摄）

## 新蛛下目 - 红螯蛛科 Cheiracanthiidae

具 8 眼，步足较纤长，末端具 2 爪，爪下有毛簇。雄蛛触肢跗舟具有 1 个后侧突。许多种类在叶间做粽状巢，育幼行为较强，一些种类甚至有食母性。目前世界已知近 400 种。

a. 单独红螯蛛 *Cheiracanthium unicum*（陆千乐 摄）
b. 红螯蛛属 *Chiracanthium* sp.（陈久桐 摄）

## 新蛛下目 - 狼蛛科 Lycosidae

体小到大型。中文名源于其拉丁学名词义。具 8 眼，呈 4-2-2 排列，后中眼最大。两侧后中眼与后侧眼连线的交点位于背甲前缘之前。步足末端具 3 爪。习性多样化，穴居、游猎、结网捕食者均有。

| 狼蛛属 *Lycosa* sp.（万国侯 摄）

| 山西狼蛛 *Lycosa shansia*（雌蛛，余锟 摄）

## 新蛛下目 - 花皮蛛科 Scytodidae

具6眼，胸区隆起呈穹状。部分种类毒腺特化为两部分，其中一部分用以分泌黏液。捕食时，花皮蛛先用螯肢喷射出黏液固定猎物，而后缓慢上前将其叮咬杀死。目前世界已知200余种。

胸斑花皮蛛 *Scytodes thoracica*（余锟 摄）

花皮蛛属 *Scytodes* sp.（万国侯 摄）

代提蛛属 *Dictis* sp.（陆千乐 摄）

花皮蛛属 *Scytodes* sp.（陆千乐 摄）

## 新蛛下目 - 猫蛛科 Oxyopidae

体小到大型。具 8 眼 呈 2-2-2-2 式排列，体色丰富。步足多刺，末端具 3 爪。为昼行性蜘蛛，多在灌丛中游猎，视力佳，擅跳跃。世界已知 400 余种，分布在热带至温带地区。

a b
c d e

a. 松猫蛛属 *Peucetia* sp.（陈久桐 摄）
b. 松猫蛛属 *Peucetia* sp.（陈久桐 摄）
c. 钩猫蛛属 *Hamadruas* sp.（陈久桐 摄）
d. 哈猫蛛属 *Hamataliwa* sp.（陈久桐 摄）
e. 哈猫蛛属 *Hamataliwa* sp.（陈久桐 摄）

| 哈猫蛛属 *Hamataliwa* sp.（万国侯 摄）

| 猫蛛属 *Oxyopes* sp.（陈久桐 摄）

猫蛛属 *Oxyopes* sp.（万国侯 摄）

a～b. 猫蛛属 *Oxyopes* sp.（捕食跳蛛，陈久桐 摄）
c. 猫蛛属 *Oxyopes* sp.（陆千乐 摄）

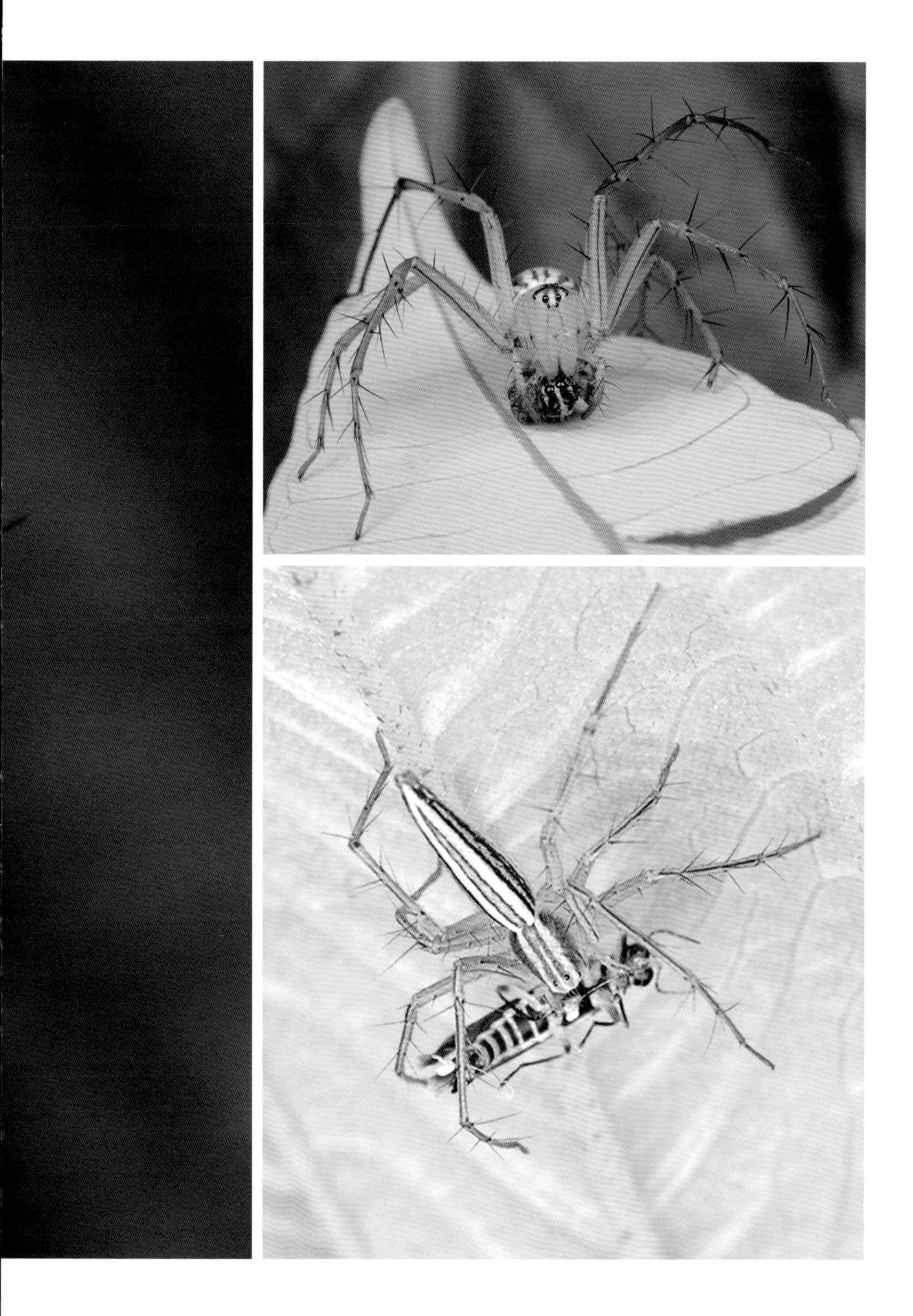

## 新蛛下目 - 弱蛛科 Leptonetidae

体小型。多数种类具 6 眼，分为 2 组，少数种类具 4 眼、2 眼或无眼。步足较细长。生活于石下，许多种类也进入洞穴生活，结片状网，倒挂于其上。世界已知弱蛛 300 余种。

| 杭州小弱蛛 *Leptonetela hangzhouensis*（陆千乐 摄）

## 新蛛下目 - 跳蛛科 Salticidae

体小到中型。2 爪类，为较先进的蜘蛛。具 8 眼，前中眼巨大。昼行性，游猎捕食。生境多样，从落叶层到林冠均有对应类群。食性丰富，有许多专食性种类，甚至有植食者。目前为蜘蛛目最大科，世界范围内已发现 6000 余种。

| a | b |
|---|---|
| c | d |
| e | f |

a. 安东莫鲁蛛 *Mogrus antoninus*（陆千乐 摄）
b. 锈宽胸蝇虎 *Rhene rubrigera*（陆千乐 摄）
c. 波氏拟蝇虎 *Plexippoides potanini*（陆千乐 摄）
d. 细齿方胸蛛 *Thiania suboppressa*（陆千乐 摄）
e. 宽胸蝇虎 *Rhene* sp.（捕食蜡蝉幼体，陈久桐）
f. 奥诺蛛属 *Onomastus* sp.（万国侯 摄）

a | b
c

a～b. 维利蛛属 *Vailimia* sp.（万国侯 摄）
c. 长腹蝇虎属 *Zeuxippus* sp.（陈久桐 摄）

| a | b | c |
|---|---|---|
| d | e | f |

a．兜跳蛛属 *Ptocasius* sp.（万国侯 摄）
b．纽蛛属 *Telamonia* sp.（万国侯 摄）
c．扁蝇虎属 *Menemerus* sp.（万国侯 摄）
d．方胸蛛属 *Thiania* sp.（万国侯 摄）
e．猎蛛属 *Evarcha* sp.（捕食，陈久桐 摄）
f．孔蛛属 *Portia* sp.（万国侯 摄）

a | b
c

a. 宽胸蝇虎属 *Rhene* sp.（亚成年雄蛛捕食，陈久桐 摄）
b. 宽胸蝇虎属 *Rhene* sp.（陈久桐 摄）
c. 艾普蛛属 *Epeus* sp.（陈久桐 摄）

a | b
c | d

a ～ b. 猎蛛属 *Evarcha* sp.（陈久桐 摄）
c. 翠蛛属 *Siler* sp.（陈久桐 摄）
d. 孔蛛属 *Portia* sp.（陈久桐 摄）

## 新蛛下目 - 妩蛛科 Uloboridae

体小到中型。具有筛器和栉器，无毒腺。多数种类结圆网，并在其上编织匿带，部分种类结三角网，待猎物撞网后，蜘蛛通过松弛蛛网将猎物困住捕食。部分种类具亚社会性。

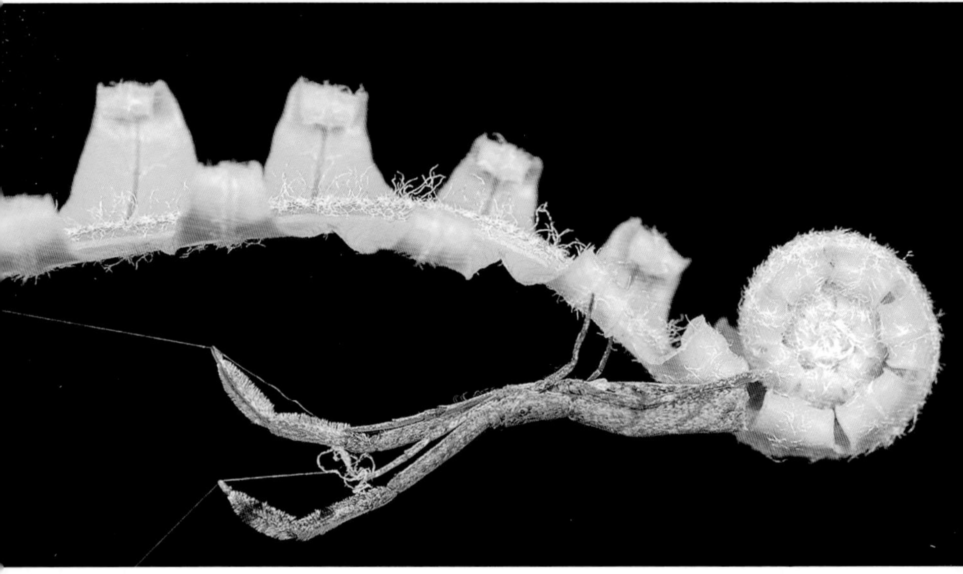

a ～ b. 长妩蛛属 *Miagrammopes* sp.（陈久桐 摄）
c. 船喜妩蛛 *Philoponella cymbiformis*（陆千乐 摄）
d. 妩蛛属 *Uloborus* sp.（陆千乐 摄）
e. 涡蛛属 *Octonoba* sp.（陆千乐 摄）
f. 喜妩蛛属 *Philoponella* sp.（陆千乐 摄）

## 新蛛下目 - 逍遥蛛科 Philodromidae

体小到中型。具 8 眼，呈 4-4 排列，后曲程度因属而异。游猎生活于地面或灌丛之中。目前世界已知 600 余种。

a | b / c

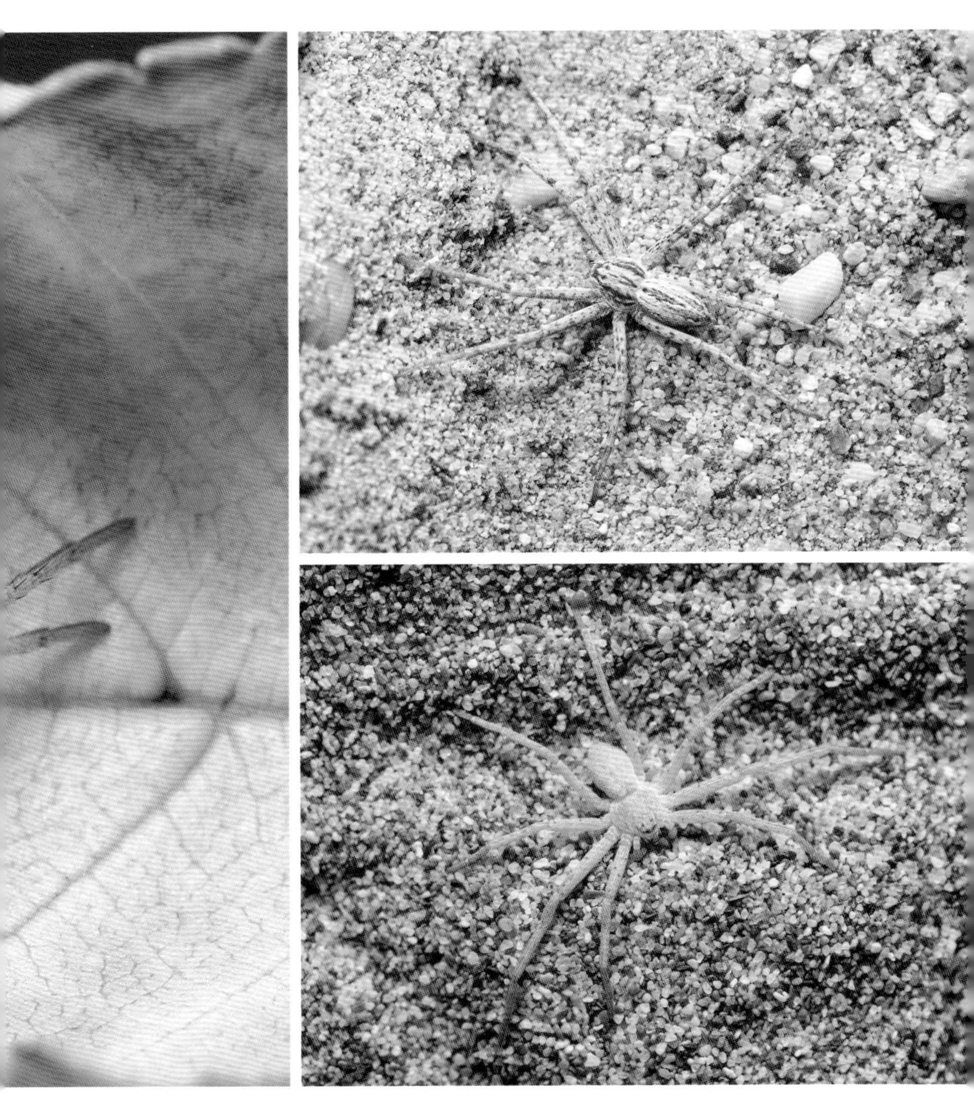

a. 普通狼逍遥蛛 *Thanatus vulgaris*（陆千乐 摄） b. 漠逍遥蛛属 *Rhysodromus* sp.（陆千乐 摄）c. 逍遥蛛属 *Philodromus* sp.（陆千乐 摄）

## 新蛛下目 - 肖蛸科 Tetragnathidae

体小到中型。圆网蛛类蜘蛛。具 6 或 8 眼，部分类群螯肢极长，具有特化的齿与凸起，有些雌蛛不具有明显的外雌器。灌丛常见类群。一些种类喜在水边结网。世界已知 1000 余种。

肖蛸属 *Tetragnatha* sp.（万国侯 摄）

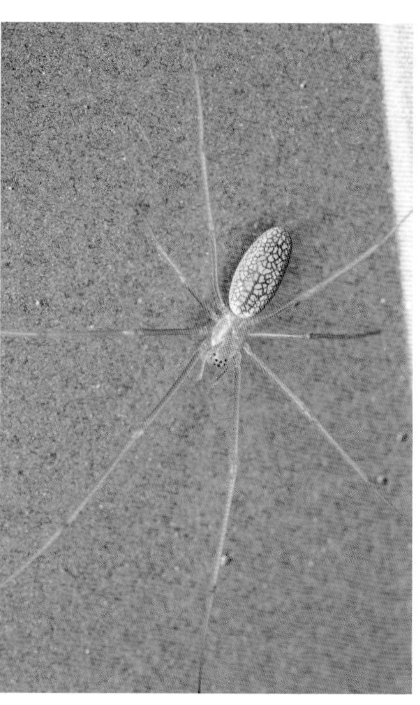

鳞纹肖蛸 *Tetragnatha squamata*（余锟 摄）

## 新蛛下目 - 蟹蛛科 Thomisidae

体小到大型。具 8 眼，4-4 式排列。步足横行性，左右伸展，第一、二步足明显长于第三、四步足。游猎生活，生境多样化。许多种类为拟态者，拟粪、拟蚁，或拟态花朵伏击前来访花的昆虫。世界已知 2000 余种。

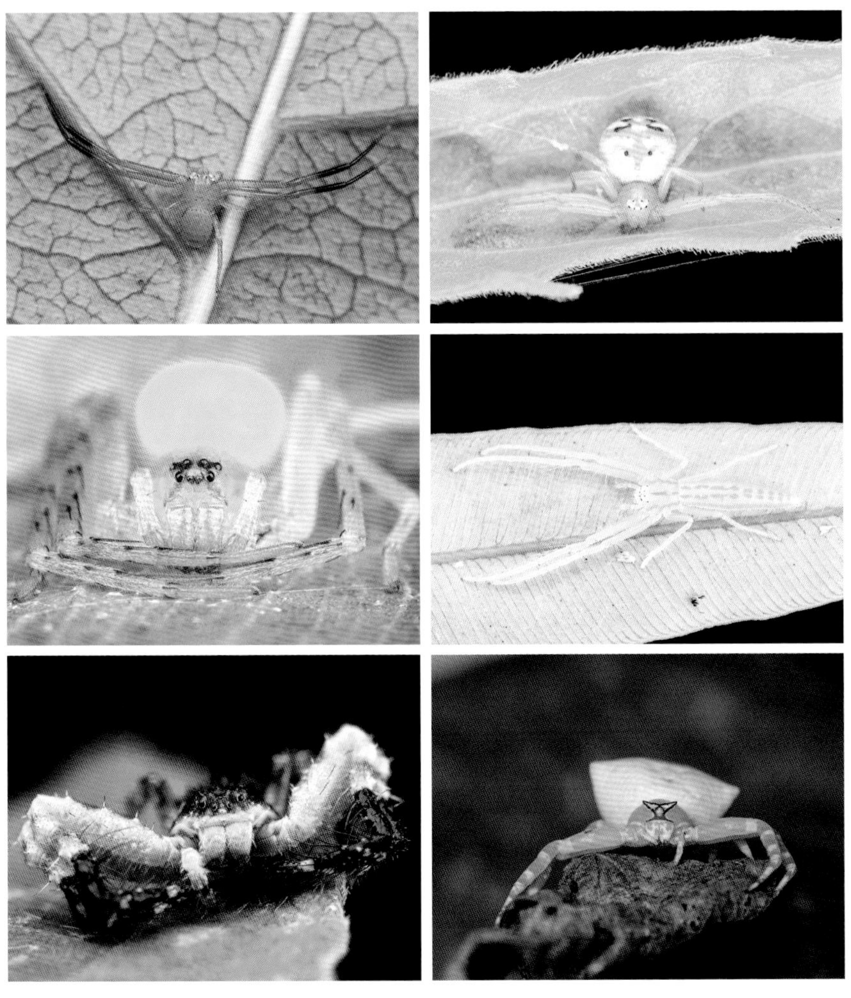

| a | b |
|---|---|
| c | d |
| e | f |

a. 伊氏蛛属 *Ebrechtella* sp.（陆千乐 摄）
b. 狩蛛属 *Diaea* sp.（陈久桐 摄）
c. 膜蟹蛛属 *Epidius* sp.（万国侯 摄）
d. 绿蟹蛛属 *Oxytate* sp.（陈久桐 摄）
e. 瘤蟹蛛属 *Phrynarachne* sp.（万国侯 摄）
f. 蟹蛛属 *Thomisus* sp.（陈久桐 摄）

| 泥蟹蛛属 *Borboropactus* sp.（万国侯 摄）

a b
c d

a. 锯足蛛属 *Runcinia* sp.（陆千乐 摄）

b. 喜蟹蛛属 *Philodamia* sp.（陆千乐 摄）

c. 革蟹蛛属 *Coriarachne* sp.（陆千乐 摄）

d. 范蟹蛛属 *Pharta* sp.（陆千乐 摄）

a. 峭腹蛛属 *Tmarus* sp.（万国侯 摄）
b. 耙蟹蛛属 *Strigoplus* sp.（陆千乐 摄）
c. 弓蟹蛛属 *Alcimochthes* sp.（万国侯 摄）
d. 块蟹蛛属 *Massuria* sp.（万国侯 摄）

## 新蛛下目 - 巨蟹蛛科 Sparassidae

体中大型。世界足展最大蜘蛛属于本科。具 8 眼，4-4 式排列。步足横行性，左右伸展，具有发达的毛丛和毛簇，攀爬能力强。为夜行性蜘蛛。少数种类生活与人类相关，如白额巨蟹蛛。世界已知 1000 余种。

a | b
c

a. 奥利蛛属 *Olios* sp.（万国侯 摄）
b. 巨蟹蛛属 *Heteropoda* sp.（万国侯 摄）
c. 巨蟹蛛属 *Heteropoda* sp.（陈久桐 摄）

| 巨蟹蛛属 *Heteropoda* sp.（万国侯 摄）

a. 华遁蛛属 *Sinopoda* sp.（陈久桐 摄）
b. 塞蛛属 *Thelcticopis* sp.（陈久桐 摄）
c. 伪遁蛛属 *Pseudopoda* sp.（万国侯 摄）

## 新蛛下目 - 长纺蛛科 Hersiliidae

后侧纺器极长，因此得名。身体扁平，步足较为细长，末端具 3 爪。常在树干或石壁上游猎生活。与其近亲拟壁钱科类似，本科蜘蛛狩猎时常围绕猎物转圈奔跑，同时用丝缠绕猎物。世界已知 200 余种。

a | b c

| a～c. 长纺蛛属 *Hersilia* sp.（a. 万国侯 摄 b. 捕食，陈久桐 摄 c. 陆千乐 摄）

长纺蛛属 *Hersilia* sp.（陈久桐 摄）

## 新蛛下目 - 园蛛科 Araneidae

最典型的圆网蛛类蜘蛛。体型、体色、体态多变。许多种类结圆网，但也有丰富的网型变化。部分类群具有高度的性别二态性。生殖器形态复杂，许多种类雌性生殖区具明显的垂体。世界已知 3000 余种。

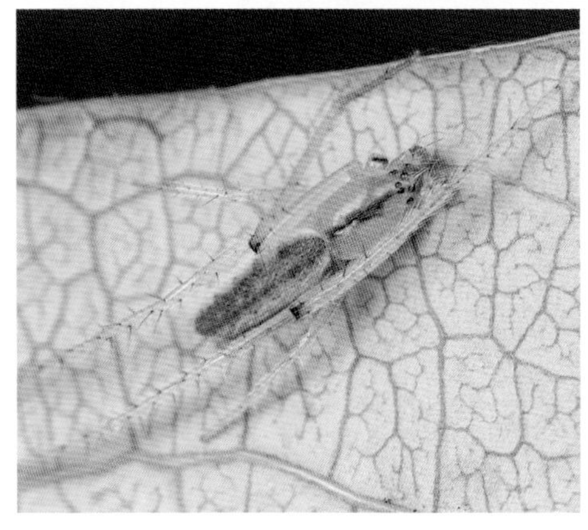

a. 丰满新园蛛 *Neoscona punctigera*（陆千乐 摄）
b. 淡绿肥蛛 *Larinia phthisica*（陆千乐 摄）
c. 哈氏棘腹蛛 *Gasteracantha hasselti*（陈久桐 摄）

a b
c

a. 壮头蛛属 *Chorizopes* sp.（万国侯 摄）
b. 园蛛属 *Araneus* sp.（万国侯 摄）
c. 裂腹蛛属 *Herennia* sp.（万国侯 摄）

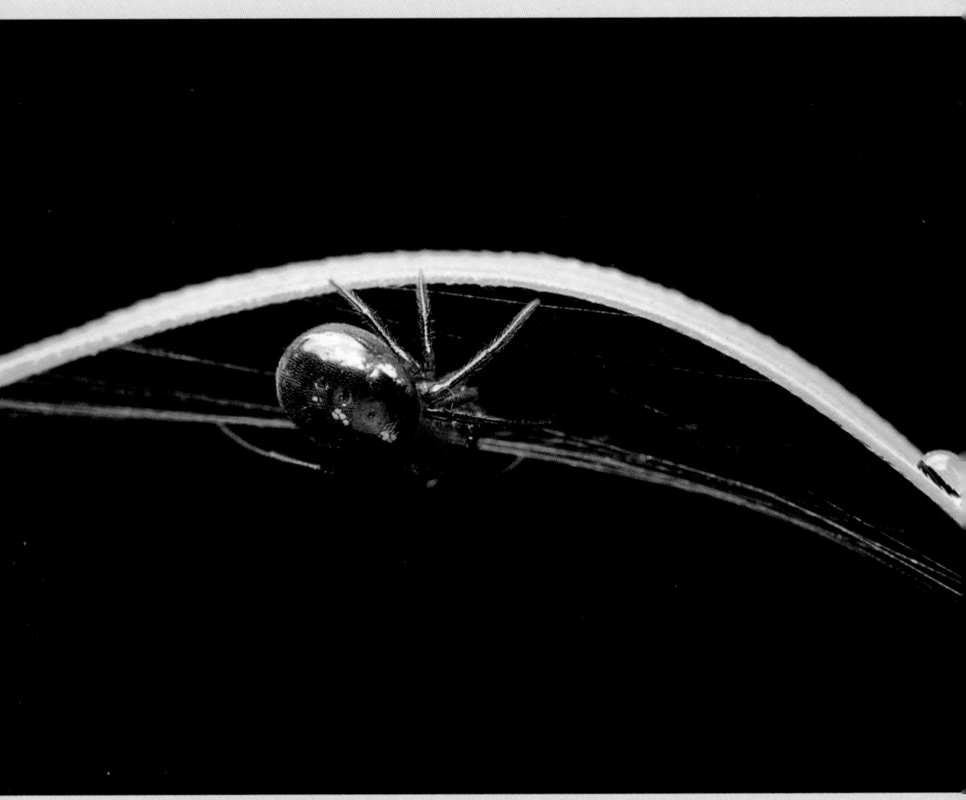

| 高亮腹蛛属 *Hypsosinga* sp.（陈久桐

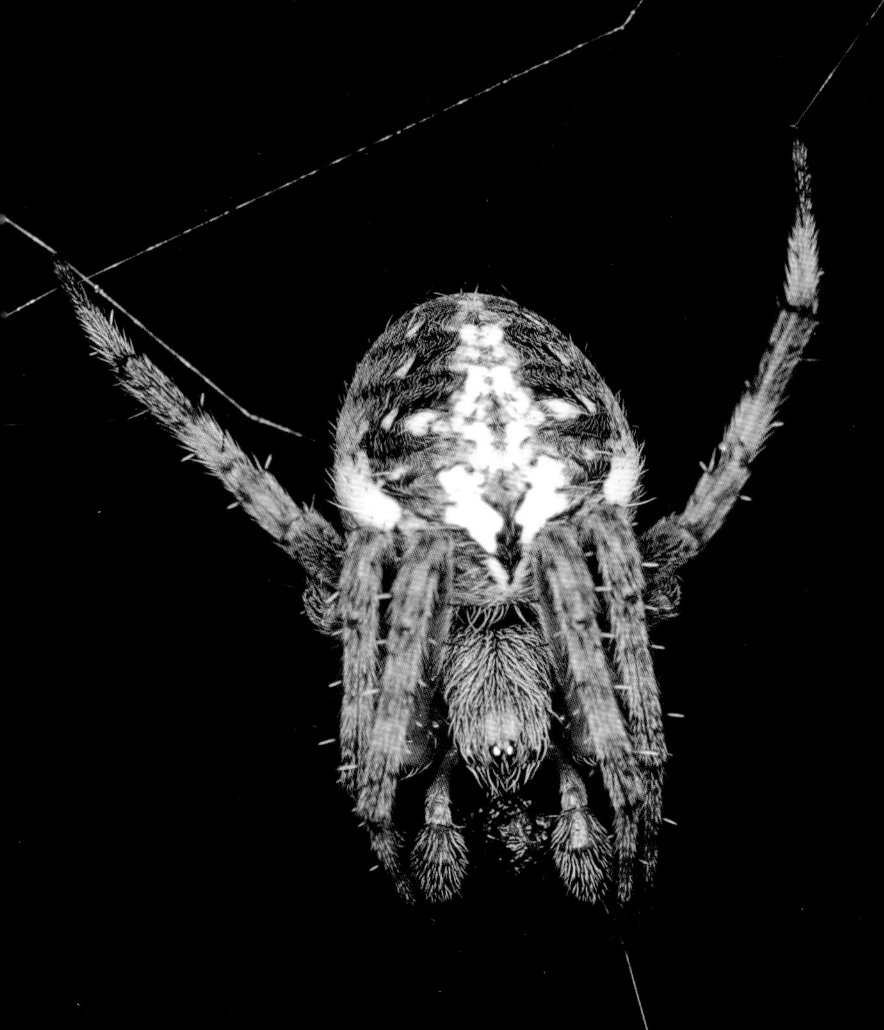

新园蛛属 *Neoscona* sp.（陈久桐 摄）

小悦目金蛛 *Argiope minuta*（陆千乐 摄）

| 刺佳蛛 *Gea spinipes*（陆千乐 摄）

| 孔金蛛 *Argiope perforata*（陆千乐 摄）

| 毛园蛛属 *Eriovixia* sp.（陆千乐 摄）

a | b
c

a. 曲腹蛛属 *Cyrtarachne* sp.（陈久桐 摄）
b. 何氏瘤腹蛛 *Ordgarius hobsoni*（陈久桐 摄）
c. 金蛛属 *Argiope* sp.（陈久桐 摄）

| 拟维蛛属 *Parawixia* sp.（万国侯 摄）

| 锥头蛛属 *Poltys* sp.（万国侯 摄）

## 新蛛下目 - 球蛛科 Theridiidae

多数为小型蜘蛛，少数体中型。许多种类第四步足具有成列的锯齿状毛。生境多样化，有的种类会盗寄生于其他圆网蛛的网上。极少数种类，如寇蛛属 *Latrodectus*，毒性较强。目前世界已知 2000 余种球蛛。

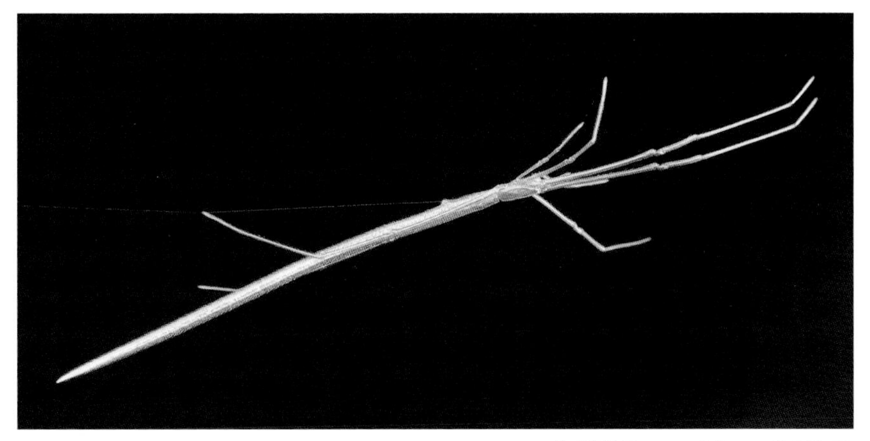

| 筒蚓腹蛛 *Ariamnes cylindrogaster*（陈久桐 摄）

| 三斑丽蛛 *Chrysso trimaculata*（陈久桐 摄）

| 丽蛛属 *Chrysso* sp.（ 陈久桐 摄）

| 丽蛛属 *Chrysso* sp.（陈久桐 摄）

## 新蛛下目 - 隆头蛛科 Eresidae

体小到中型。有筛器蜘蛛。部分种类常在石下或草根处掘洞穴居，也有在灌丛间织网的类群。一些隆头蛛会集群生活，具有一定亚社会性，同时，一些种类存在食母行为，幼蛛孵化后会以雌蛛为食。世界已知 100 种。

| 穹蛛属 *Stegodyphus* sp.（万国侯 摄）

## 新蛛下目 - 栉足蛛科 Ctenidae

体中到大型。具 8 眼，多数种呈 2-4-2 式排列。游猎生活。目前世界已发现 500 余种栉足蛛。

| 亚栉蛛属 *Acantheis* sp.（万国徐 摄）

## 新蛛下目 - 妖面蛛科 Deinopidae

体中到大型。有筛器类蜘蛛。后中眼大，视力较好。夜行性，有投网捕食的习性。最近的研究也表明妖面蛛具有良好的听觉能力。世界已知近 70 种妖面蛛。

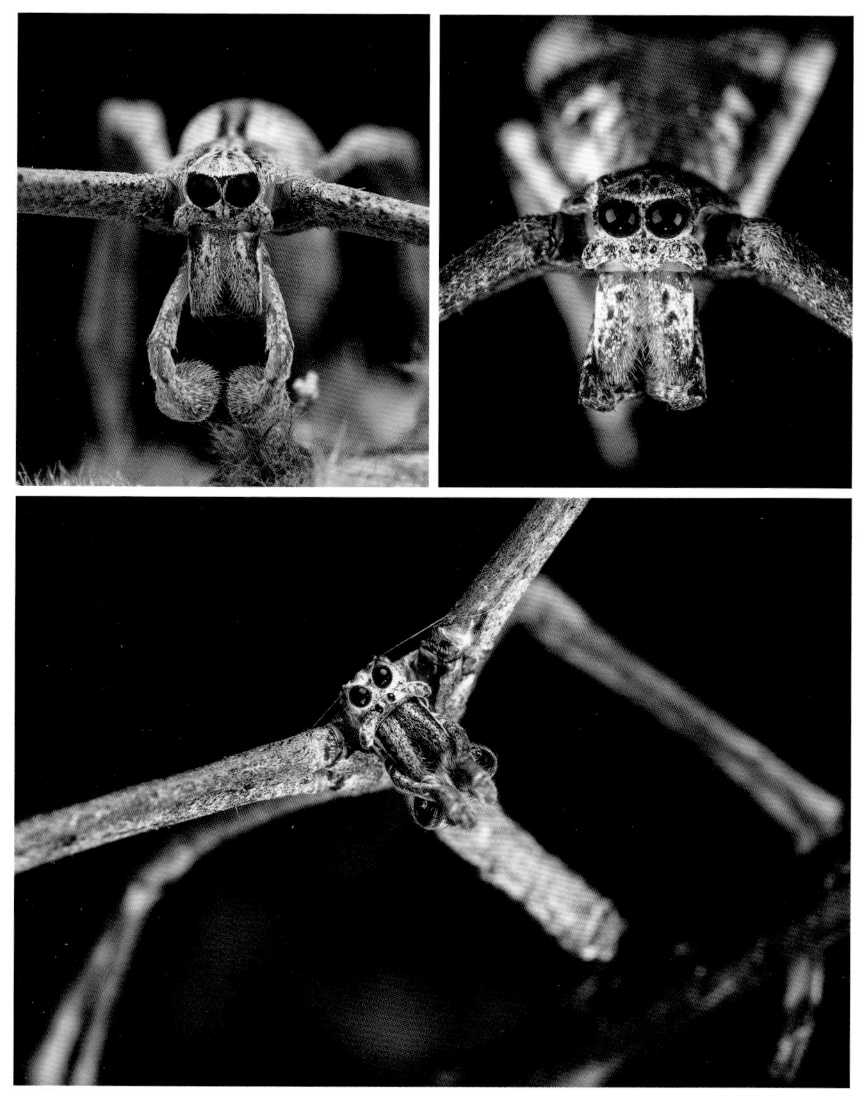

a | b / c | a ～ c. 亚妖面蛛属 *Asianopis* sp.（万国侯 摄）

## 新蛛下目 - 拟平腹蛛科 Zodariidae

体小型。具 8 或 6 眼，眼式因属而异，头部隆起，较光滑。部分种类掘洞生活，夜间外出捕食，也有的在树上做巢。一些种类具有专性食蚁的特点。目前世界已知 1000 余种。

| 斯托蛛属 *Storenomorpha* sp.（万国侯 摄）

| 螺蛛属 *Heliconilla*

## 新蛛下目 - 捕鸟蛛科 Theraphosidae

体中到大型。因最早被发现会捕食鸟类而得名。绝大多数种类具 8 眼，极少数具 6 眼或无眼。步足粗壮，具发达的毛丛和毛簇。穴居于土壤或树洞中。为原蛛下目最大科，目前世界已知 1000 余种。

| 施氏霜足蛛 *Cyriopagopus schmidti*（余锟 摄）

| 海南霜足蛛 *Cyriopagopus hainanus*（万国侯 摄）

| 海南霜足蛛 *Cyriopagopus hainanus*（万国侯 摄）

## 新蛛下目 - 线蛛科 Nemesiidae

体小到中型。8 眼集于 1 丘，步足具毛丛，多数具 4 纺器，一些种类仅具 2 纺器。穴居于石下或土壤中，常用土堆堵洞口，部分种类会在洞口制作活盖。目前世界已知近 200 种。

| 雷文蛛 *Raveniola* sp.（陆千乐 摄）

| 洞穴线蛛 *Raveniola beelzebub*（林业杰 摄）

## 新蛛下目 - 地蛛科 Atypidae

具 6 纺器，螯肢发达，颚叶极长。营穴居，巢穴多为袋状（除硬皮地蛛属），常附着于树根或石块。待猎物经过巢穴时，地蛛从巢内部刺出螯牙将其咬住，并拖入巢中进食。

| 硬皮地蛛属 *Calommata* sp.（杨垚 摄）

| 地蛛属 *Atypus* sp.（陆千乐 摄）

# 主要参考文献

AGNARSSON I, 2002. Sharing a web—On the relation of sociality and kleptoparasitism in Theridiid spiders (Theridiidae, Araneae)[J]. Journal of Arachnology, 30: 181–188.

BENAVIDES L R, Giribet G, Hormiga G, 2017. Molecular phylogenetic analysis of "pirate spiders" (Araneae, Mimetidae) with the description of a new African genus and the first report of maternal care in the family[J]. Cladistics, 33(4): 375-405.

BLACKLEDGE T A, KUNTNER M, AGNARSSON I, 2011. The form and function of spider orb webs: evolution from silk to ecosystems. Adv[J]. Insect Phys, 41:175–262.

BOND J E, GARRISON N L, HAMILTON C A, *et al*. 2014. Phylogenomics resolves a spider backbone phylogeny and rejects a prevailing paradigm for orb web evolution[J]. Curr. Biol, 24:1765–1771.

COYLE F A, T C O'SHIELDS, D G Perlmutter, 1991. Observations on the behavior of the kleptoparasitic spider, Mysmenopsis furtiva (Araneae, Mysmenidae)[J]. Arachnol, 19: 62– 66.

DEAN W R J, 1988. Spider predation on termites (Hodotermitidae)[J]. Entomol. Soc. South. Afr, 51: 147– 148.

GERTSCH W J, PLATNICK N I, 1975. A revision of the trapdoor spider genus Cyclocosmia (Araneae, Ctenizidae)[J]. American Museum Novitates, 2580: 1-20.

KALLAL R J, HORMIGA G, 2019. Evolution of the male palp morphology of the orb-weaver hunting spider Chorizopes (Araneae: Araneidae) revisited on a new phylogeny of Araneidae, and description of a third species from Madagascar[J]. Invertebrate Systematics, 33(3): 473-487.

RAMÍREZ M J, 2014. The morphology and phylogeny of Dionychan spiders (Araneae: Araneomorphae)[J]. Bulletin of the American Museum of Natural History, 390: 1–374.

RIX M G, HARVEY M S, 2011. Australian assassins, Part I: A review of the assassin spiders (Araneae, Archaeidae) of mid-eastern Australia[J]. ZooKeys, 123: 1-100.

RUIZ G R S, EDWARDS G B, 2013. Revision of Bagheera (Araneae: Salticidae: Dendryphantinae)[J]. Journal of Arachnology, 41: 18-24.

SALOMON M, SCHNEIDER J M, LUBIN Y, 2005. Maternal investment in a spider with suicidal maternal care, Stegodyphus lineatus (Araneae, Eresidae)[J]. Oikos, 109: 614–622.

SCHARFF N, HORMIGA G, 2012. First evidence of aggressive chemical mimicry in the Malagasy orb weaving spider Exechocentrus lancearius Simon, 1889 (Arachnida: Araneae: Araneidae) and description of a second species in the genus[J]. Arthropod Systematics & Phylogeny, 70(2): 107-118.

SIMON E, 1901. Histoire naturelle des araignées[M]. Deuxième édition, tome second. Paris, Roret, 381-668.

ZHANG J X, MADDISON W P, 2015. Genera of euophryine jumping spiders (Araneae: Salticidae), with a combined molecular-morphological phylogeny[J]. Zootaxa, 3938(1): 1-147.